DER PERFEKTE FAHRRAD MECHANIKER

Autor
Ole Windgaßen, Köln
Fahrradmechaniker

Reparaturausführung (Fotos)
Ole Windgassen

Foto-, Video und DVD-Produktion
feinherb medien GmbH & Co. KG, Köln
www.feinherbmedien.de

Videos
Moritz Dornbusch, Köln

Fotos
Florian Eisele, Leipzig

Mit Ausnahme von:
Seite 19, Foto D: © 77SG – Fotolia.com
Seite 69: © Saskia Massink – Fotolia.com

Illustrationen
Hendrik Kranenberg:
S. 33, S. 75 (rechts, 2. v. rechts)

© longquattro – Fotolia.com,
© motorama – Fotolia.com:
Schmuckillustrationen
(Fahrradspur, Fahradkette)
am Seitenkopf

Dank
Unser großer Dank gilt der Fahrrad-werkstatt *Radfieber* in Köln für die Bereitstellung der Fahrräder zur Foto- und Videoproduktion.

www.radfieber.com

Das praktische Aufstellbuch

„Der perfekte Fahrradmechaniker" bietet neben grundlegenden Informationen zu Fahrradtypen, Fahrradteilen und Fahrradzubehör auch viele Anleitungen zur Pflege, Wartung und Reparatur von Fahrrädern. Damit Sie diese insbesondere auch während der Arbeit an Ihrem Fahrrad nachvollziehen können, ist dieses Buch als Aufstellbuch konzipiert:

Sie können einfach den Aufsteller auffalten, das Buch aufstellen und den Deckel umschlagen. Dann schlagen Sie Seite für Seite um. Sobald Sie auf der Seite 48 angekommen sind, klappen Sie diese ebenfalls um und drehen das komplette Buch – nun können Sie von Seite 49 aus einfach weiterblättern.

Reparaturvideos auf DVD

Im Reparaturteil dieses Buches (ab S. 39) wird Schritt für Schritt, mit vielen Stepfotos und leicht verständlichen Anleitungen und unter Angabe aller Werkzeuge erklärt, wie sich kleinere Reparaturen einfach und schnell zu Hause durchführen lassen. Damit Sie die Reparaturanleitungen noch besser nachvollziehen können, haben wir zu den wichtigsten Reparaturen Videos erstellt, die auf der beiliegenden DVD enthalten sind. Die DVD bietet ein Übersichtsmenü, von dem aus Sie zunächst die verschiedenen Bereiche und danach die Einzelvideos anwählen und ansehen können.

Reparaturvideos per QR-Code

Sie können die Reparaturvideos aber auch direkt per QR-Code aufrufen, der auf der jeweiligen Seite abgedruckt ist.

Und so geht's:

1. Installieren Sie eine beliebige App zum Scannen von QR-Codes auf Ihrem Smartphone oder Tablet. (Diese Apps gibt es kostenlos in jedem App-Store.)

2. Starten Sie die App und scannen Sie den QR-Code auf der jeweiligen Seite im Buch.

Hier finden Sie eine Übersicht über alle Videos:

http://www.komet-verlag.de/fahrradmechaniker

Sie können sich die Videos aber auch ganz einfach auf einem Computer ansehen. Geben Sie den Link einfach in Ihren Internetbrowser ein. Es öffnet sich eine Übersicht mit allen Videos, die Sie einzeln auswählen und ansehen können.

Register

A-Head-System (Lenker) 31
Autoventil 21

Beleuchtung 33
Beleuchtung reparieren 69 ff.
Birnchen austauschen 70
Blockpedal 23
Bodenkontakt 38
Bremsen 19, 41, ***76 ff.***
Bremsen reparieren/ einstellen 75 ff.
Bremseneinstellung 32
Bügelschloss 26

Cantileverbremse 19, ***78***

Diamantrahmen 24
Dunlop-Ventil 21
Dynamo prüfen 74

E-Bike 14 f.
Einstellen
- Sattel 30
- Lenker 31
- Bremsen 32
- Beleuchtung 33

Fahrrad, verkehrssicher 28
Fahrradhelm 34
Fahrradlampe 33
Fahrradpumpe 27, 38
Fahrradschloss 26
Faltschloss 26
Federgabel 6, 25
Felgenbremsen 19

Gabel 24
Gabelschaft 24

Haltung 17
Handpumpe 27
Helm 34
Hinterbau 24 f.
Hinterrad ausbauen 43 ff.
Hollandrad 8 f.
Hollandradreifen 20
Hollrandradlenker 18

Innenlager 25

Kabel reparieren 72 f.
Kabelschloss 26
Kette auflegen 59 ff.
Kette tauschen 66 ff.
Kettenblatt 22
Kettenschaltung 22, ***83 ff.***
Kettenschloss 26
Klickpedal 23
Kontakte reparieren 71

Laufrad zentrieren 89 ff.
Lenker 6, 8, 17 f., 31
Lenkereinstellen 31
Luft 38
Luftdruck 38
Luftpumpe 27, 38

Mountainbike 12 f.
Mountainbikelenker 18
Mountainbikereifen 20

Nabendynamo 8, 9
Nabenschaltung 22, ***87 f.***

Pedale 23
Pedelec 14
Plattformpedal 23

Rad zentrieren 89 ff.
Rahmen 6, 24
Rahmenschloss 26 f.
Reifen 6, 20, 38
Reifen wechseln 49 ff.
reinigen 36
Rennrad 10 f.
Rennradlenker 18
Rennradreifen 20
Rennradsattel 10, 16
Ritzel 22
Rollwiderstand 38
Rücktrittbremse 8

Sattel 16
Sattelbreite 16
Satteleinstellung 30
Sattelformen 16
Sattelhöhe 30
Sattelneigung 30
Sattelposition 30
Schaltung 22, 41, ***83 ff.***
Scheibenbremse 19
Schlauch flicken 52 ff.
Schlauch wechseln 49 ff.
schmieren 37
Schrader-Ventil 21
Schwanenhalsrahmen 24
Seitenzugbremse 19, ***81***
Slaverand-Ventil 21
Sloping-Rahmen 24
Speichen 89
Speichen ersetzen 89 ff.
Standardventil 21
Standpumpe 27, 38
Starrgabel 25

Tacho 27
Tourenlenker 17
Trapezrahmen 24
Trekkingrad 6 f.
Tretlager 25, 35
Trommelbremse 19

Umwerfer 22

V-Brake 19, ***76***
Ventil 21
Ventil prüfen/tauschen 55 ff.
Ventil, französisches 21
Verkehrssicherheit 28
Vorderrad ausbauen 42

Werkzeuge 40 f.

(Reparaturen sind kursiv gesetzt.)

Inhalt

Vorwort 4

Fahrradtypen & Fahrradteile 5

Das Trekkingrad 6
Das Hollandrad 8
Das Rennrad 10
Das Mountainbike 12
Das E-Bike 14
Der Sattel 16
Der Lenker 17
Die Bremsen 19
Die Reifen 20
Die Ventile 21
Die Schaltung 22
Die Pedale 23
Weitere Teile 24
- Der Rahmen 24
- Gabel und Federung 25
- Das Innenlager 25

Fahrradzubehör 26
- Das Fahrradschloss 26
- Der Tacho 27
- Die Fahrradpumpe 27

Das verkehrssichere Fahrrad 28

Einstellungen, Wartung & Pflege 29

Einstellen des Sattels 30
Einstellen des Lenkers 31
Einstellen der Bremsen 32
Einstellen der Beleuchtung 33
Der Helm 34
Wartung & Pflege 35
- Reifen und Bremsbeläge 35
- Tretlager 35
- Weitere Abnutzungserscheinungen 35

Reinigen 36
Schmieren 37
Der Luftdruck 38

Die Reparaturen 39

Wichtige Werkzeuge 40
Schaltungen 41
Bremsen 41
Vorderrad ausbauen 42
Hinterrad ausbauen
- 3-Gang-Nabenschaltung mit Clickbox 43
- Nexus-8-Gang-Nabenschaltung 45
- Kettenschaltung 47

Reifen oder Schlauch wechseln 49
Schlauch flicken 52
Ventil prüfen 55
Ventil austauschen
- Dunlop- oder Blitzventil 56
- Sclaverand oder französisches Ventil 57
- Schrader oder Autoventil 58

Abgesprungene Kette auflegen 59
- Fahrrad mit Kettenschaltung 60
- Fahrrad mit Nabenschaltung 64

Kette tauschen 66
Kette schließen 67
- Kette mit Kettenschloss 67
- Kette ohne Kettenschloss 68

Beleuchtung reparieren 69
- Defekte Birne 70
- Korrodierte oder gelockerte Kontakte 71
- Die Verkabelung 72
- Der Dynamo 74

Bremsen reparieren und einstellen 75
- Einstellschrauben 75
- Bremsbeläge 75
- V-Brake 76
- Cantilever-Bremse 78
- Seitenzug-Bremse 81

Schaltung einstellen 83
- Kettenschaltung 84
- 3-Gang-Nabenschaltung mit Clickbox 87
- Nexus-8-Gang-Nabenschaltung 88

Die Speichen 89
Laufrad zentrieren 90
Speichen ersetzen 93
Register 95

4. Nehmen Sie anschließend den Speichennippel nach oben ab.

5. Nun können Sie die Speiche aus der Felge entnehmen. Messen Sie die Länge der Speiche. Die neue Speiche muss exakt die Länge der alten haben.

6. Führen Sie die neue Speiche an den Platz der alten und drehen Sie den Speichennippel durch die Felge auf das Gewinde der Speiche. Beim Einbau der neuen Speiche halten Sie sich an das Speichenmuster der anderen Speichen.

7. Spannen Sie nun die Speiche und verfahren Sie wie vorangegangen unter „Laufrad zentrieren" beschrieben.

4

5

6

7

Vorwort

Das Fahrrad gehört heute zu den beliebtesten und vielseitigsten Fortbewegungsmitteln überhaupt. Unter dem Motto „Der Weg ist das Ziel" erleichtert es vielen den Weg zur Arbeit und zum Einkaufen oder verschönert die Freizeit von leidenschaftlichen Radlern. Damit man auch möglichst lange etwas von seinem Zweirad hat, gilt es einige Tipps und Kniffe bei der Wartung und Pflege seines Gefährtes zu beherzigen. Dies betrifft vor allem auch Reparaturen.

Die Welt der Fahrräder ist groß und das Angebot gewaltig. Wenn man das richtige Fahrrad für seine persönlichen Zwecke und ganz nach seinem Geschmack gefunden hat, stehen zwangsläufig nach einiger Zeit die ersten Reparaturarbeiten an. Viele Reparaturen sind heute nur noch durch einen Fachmann möglich. Fachwissen und Spezialwerkzeuge schließen eine Reparatur zu Hause oft aus. Besonders Reparaturen und Einstellungen an Schaltungen und Bremsen sind für den Laien scheinbar unmöglich. Doch dass es auch anders geht und viele kleinere Reparaturen einfach und schnell von zu Hause aus zu erledigen sind, zeigt dieser Ratgeber auf leicht zu verstehende und anschauliche Weise. Und das bringt nicht nur Spaß beim Nachmachen, sondern schont auch den Geldbeutel!

Ähnlich wie bei den Fahrradmodellen gibt es inzwischen einen kaum noch zu überblickenden Markt an Schaltungen, Bremsen und sonstigen Fahrradkomponenten. Leider ist es hier nicht möglich, dieses große Feld komplett abzudecken. Das Buch beschäftigt sich daher im Reparaturteil mit den am häufigsten verbauten Schaltungs- und Bremsmodellen und den gängigsten Problemen.

Viel Spaß beim Lesen und viel Erfolg bei der ersten Reparatur!

Ole Windgaßen

Speichen ersetzen

Werkzeug:
Reifenheber
Speichenschlüssel

1. Bauen Sie zunächst das entsprechende Rad aus und entfernen Sie den Reifen von der Felge, wie unter dem Punkt „Reifenwechseln" beschrieben. (S. 49 ff.)

2. Entfernen Sie dann auch das Felgenband.

3. Lösen Sie die Speiche nun mit dem Speichenschlüssel aus der Felge.

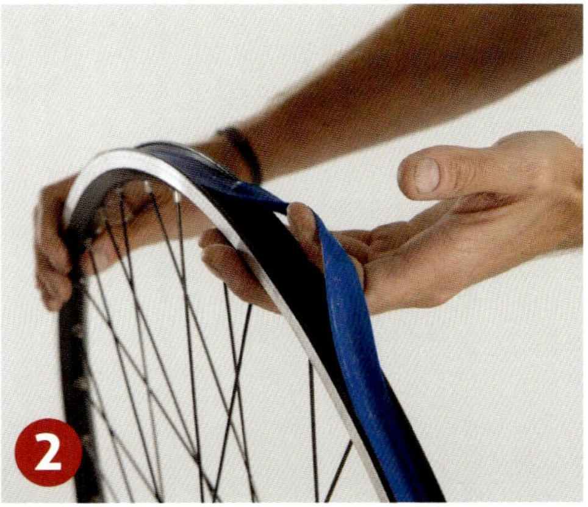

Fahrradtypen & Fahrradteile

Fahrräder wirken auf den ersten Blick stets gleich: zwei Räder, ein Rahmen, ein Sattel und ein Lenker. Doch je nach ihrer speziellen Bauweise, die sich nach dem jeweiligen Einsatzbereich richtet, werden mehrere Fahrradtypen unterschieden. Auch die Ausführungen der Einzelteile wie Sattel, Lenker und Schaltung unterscheiden sich stark. Auf den folgenden Seiten werden die wichtigsten Fahrradtypen und Fahrradteile mit ihren Merkmalen vorgestellt.

5. Drehen Sie nun das Laufrad entlang des Kabelbinders.

6. Entsteht ein Abstand zwischen Kabelbinder und Felge, erhöhen Sie die Speichungspannung auf der Seite des Kabelbinders. Wird der Kabelbinder Richtung Gabel gedrückt, erhöhen Sie die Speichungspannung auf der dem Kabelbinder abgewandten Seite.

7. Machen Sie einige Umläufe und stellen Sie jeweils ein wenig nach. Ist der „Achter" sehr stark ausgeprägt oder das Laufrad schon mehrfach zentriert worden, kann es sein, dass ein erneutes Zentrieren nicht mehr möglich ist.

5

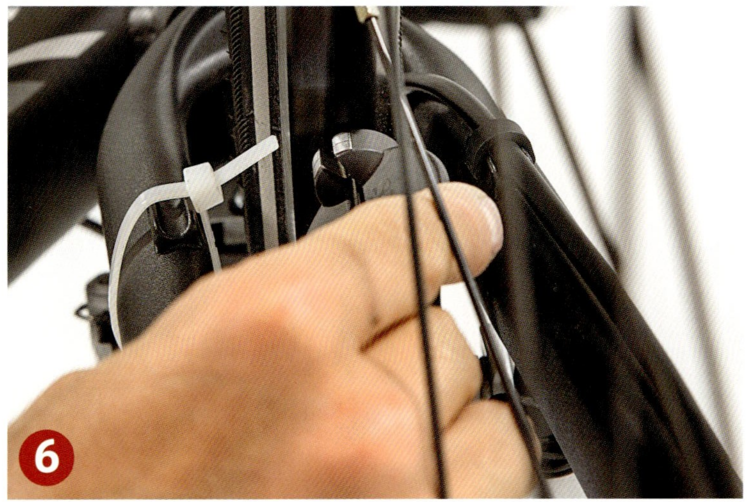

6

Das Trekkingrad

Leicht zu fahren und leicht zu pflegen

Das Trekkingrad gehört auf Grund seiner Alltagstauglichkeit und seiner Robustheit zu den beliebtesten Fahrrädern überhaupt. Je nach Modell bekommt man im Geschäft Ausführungen mit verschiedenen **Naben- und Kettenschaltungen mit bis zu 30 Gängen**. Für flaches bis leicht hügeliges Gelände bietet sich eine 8-, 9- oder 11-Gang Nabenschaltung an. Bei längeren und steilen Anstiegen sind Kettenschaltungen mit 24-, 27- oder 30-Gängen ideal.

Meist wird eine **gefederte Vordergabel** verbaut, die dem Fahrer einen möglichst hohen Fahrkomfort bietet, da sie die Stoßenergie am Vorderrad abfedert. Federgabeln sind vor allem bei unbefestigten und schlechten Wegen ideal. Einige Modelle haben aber auch eine konventionelle, starre Gabel. Sie bietet den Vorteil, dass sie leichter ist und einen geringeren Wartungsaufwand hat.

Trekking-Rad mit Aluminumrahmen

Klassische Trekkingräder verfügen über **28-Zoll-Laufräder mit robuster Bereifung**. Selten findet man auch Modelle mit 26 Zoll. Aufgrund des geringeren Raddurchmessers sind die 26 Zoll-Räder noch belastbarer und werden meist als Reiseräder mit schwerem Gepäck genutzt.

Für einen hohen Fahrkomfort sorgt oftmals eine gefederte Sattelstütze. Die Sitzposition des Fahrers ist aufrecht. Meist wird ein relativ **breiter Lenker** verbaut, der neben Schaltung und Bremse noch genug Platz für einen Kartenhalter oder ein Navigationsgerät bietet.

Der **Rahmen** ist **aus Aluminium oder Stahl**. Zu den wichtigsten Merkmalen bei dieser Fahrradkategorie gehören auch die Lichtanlage, Schutzbleche und ein Heck- und manchmal auch ein Frontgepäckträger. Dadurch ist das Trekkingbike optimal für den Einsatz im Straßenverkehr und auf leichtem Gelände geeignet.

3. Das Laufrad wird über die Speichenspannung zentriert. Es gibt linke und rechte Speichen, die die Felge jeweils nach links oder rechts ziehen. Befindet sich die Felge also links der Mitte, müssen an dieser Stelle die rechten Speichen gespannt werden, um die Felge zurück ins Zentrum zu ziehen.

4. Das Spannen der Speichen erfolgt über den Speichennippel. Wenn Sie auf die Felge schauen, drehen Sie den Speichenschlüssel gegen den Uhrzeigersinn, um die Speichenspannung zu erhöhen. Bei größeren Achtern arbeiten Sie in kleinen Schritten und versuchen Sie nicht, mit ein oder zwei Speichen die Felge gerade zu ziehen.

Das Trekkingrad

Laufrad zentrieren

Werkzeug
Speichenschlüssel
Kabelbinder
Zange

Um zu erkennen, wann die Felge näher am Rahmen läuft und wann Sie weiter weg ist, benötigen Sie einen Fixpunkt.

1. Befestigen Sie den Kabelbinder auf Höhe der Felgenflanke an der Vorderradgabel oder am Hinterbau (je nachdem ob das Vorder- oder Hinterrad zentriert werden soll). Sollten Sie keinen Kabelbinder zur Hand haben, basteln Sie sich etwas, das als Fixpunkt dienen kann.

2. Kürzen Sie den Kabelbinder mit der Zange, bis er gerade eben noch die Felgenflanke berührt. Wählen Sie dafür einen Punkt an der Felge, von dem Sie glauben, dass das Rad an dieser Stelle mittig in der Gabel sitzt.

Das Hollandrad

Vielseitig, praktisch und sicher

Der Klassiker unter den Fahrrädern gehört zu den im Stadtverkehr am häufigsten genutzten Modellen. Durch seine vielfältige Einsatzmöglichkeit ist das Hollandrad in vielen Situationen das perfekte **Alltagsgefährt**: egal ob zur Arbeit oder zum Einkaufen.

Typisches Kennzeichen ist der **tief herunter gezogene Rahmen**, der bequemes und leichtes Auf- und Absteigen ermöglicht. Dadurch sind Hollandräder bei Frauen und Männern gleichermaßen beliebt.

Der relativ große Rohrdurchmesser des Rahmens sorgt, trotz der aus statischer Sicht ungünstigen Form, für **Halt und Stabilität**. Daher sind Hollandräder im Vergleich zu anderen Fahrradmodellen aber meist recht schwer. Vielfach kommen sie mit Freilaufnaben ohne Gangschaltung aus. Häufig werden aber auch **3- oder 5-Gang Nabenschaltungen** verbaut.

Hollandrad mit 3-Gang-Nabenschaltung und geschlossenem Kettenschutz

Die Reifen verfügen über eine Größe von 26 bis 28 Zoll. Beim Hollandrad steht der Komfort des Fahrers im Vordergrund. Daher ist der Sattel gepolstert oder gefedert und so eingestellt, dass der Fahrer in einer **aufrechten Position** fahren kann. Üblicherweise werden bei dieser Fahrradgruppe **klassische Lenker mit weit nach hinten gezogenen Griffen** verbaut.

Für die Sicherheit sorgen die am Hinterrad zusätzlich montierte **Rücktrittbremse** sowie eine gute Beleuchtung, die über einen **Nabendynamo** betrieben wird. Gepäckträger, Schutzbleche, Lenkerkorb und die Möglichkeit einen Kindersitz zu montieren, bieten dem Fahrer viele Vorteile.

Klassischer Lenker

Die Speichen

Laufrad zentrieren

Grundsätzlich kommt es beim Zentrieren darauf an, welchen Anspruch Sie an Ihr Rad haben. Handelt es sich um ein hochwertiges Rennrad, bei dem es auf jeden Millimeter ankommt, brauchen Sie zum Zentrieren einen Zentrierständer. Um dagegen einen Achter aus dem Laufrad eines Hollandrades zu zentrieren und es wieder fahrtauglich zu machen, ist kein Zentrierständer notwendig.

Sie können Ihr Rad auch während einer Tour reparieren, wenn Sie einen Unfall hatten oder etwas in die Speichen geraten ist. Hier sei aber deutlich gesagt, dass es sich nur um provisorische Reparaturen handeln darf. Um ein Rad gut und sorgfältig zu zentrieren, braucht es Erfahrung und gutes Werkzeug. Entsprechend sind Sie bei einem Fachhändler gut aufgehoben.

Bei der Art des Zentrierens, die wir Ihnen auf den folgenden Seiten vorstellen, geht es lediglich darum, die Felge gerade laufen zu lassen und ein „Eiern" oder Schleifen an der Bremse zu beseitigen.

Speichen ersetzen

Bei starker Belastung eines Laufrades kommt es gelegentlich zu Speichenbrüchen. Eine gebrochene Speiche macht sich in der Regel schnell durch ein „eierndes" Laufrad bemerkbar. Wird die Speiche nicht ersetzt, nimmt die Felge Schaden. Ein Austauschen ist also unerlässlich.

Bei Vorderrädern ohne Scheibenbremsen und bei Hinterrädern mit Nabenschaltung ist das Einsetzen einer neuen Speiche relativ einfach.

Bei Hinterrädern mit Kettenschaltung muss zuerst das Ritzelpaket abgenommen werden. Dafür wird Spezialwerkzeug benötigt. Ebenso sollten Sie die Demontage von Scheibenbremsen dem Fachhandel überlassen.

▸▸▸ Das Hollandrad

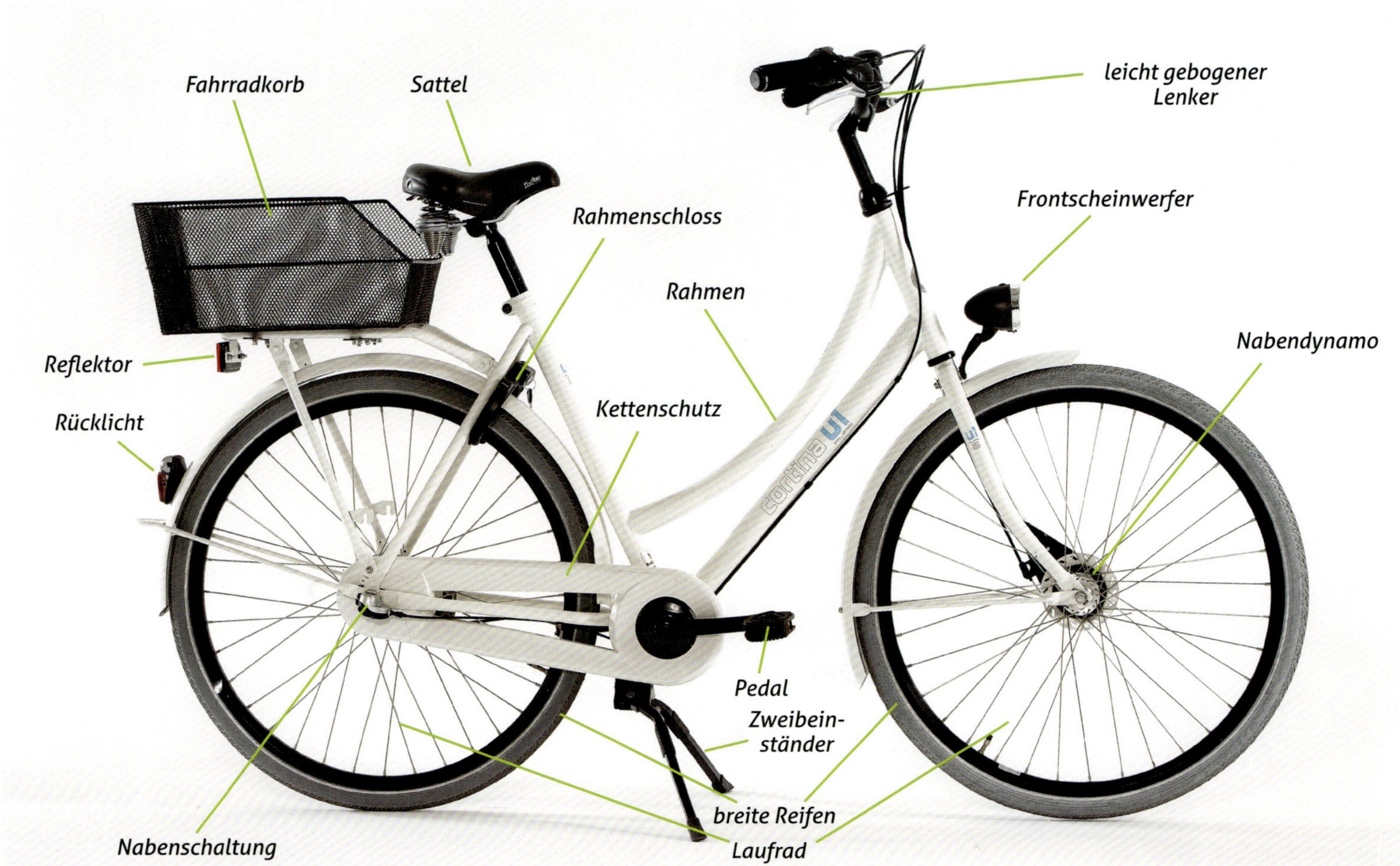

Nexus-8-Gang-Nabenschaltung

Werkzeug
Kein Werkzeug erforderlich.

Die Nexus-8-Gang-Nabenschaltung hat auf der Außenseite zwischen Ritzel und Rahmen ein Sichtfenster mit zwei gelben Strichen und eine Stellschraube am Drehgriff.

1. Schalten Sie in den vierten Gang.

2. Schauen Sie auf das Sichtfenster an der Nabe. Sollten die beiden Griffe keine einheitliche Linie ergeben, ist die Schaltung verstellt.

3. Drehen Sie die Stellschraube am Drehgriff (Bild 3a), bis beide Striche eine durchgehende Linie ergeben (Bild 3b).

4. Schalten Sie in den fünften Gang, dann wieder in den vierten. Beide Striche müssen weiterhin eine Linie ergeben. Ist dies nicht der Fall, stellen Sie etwas nach.

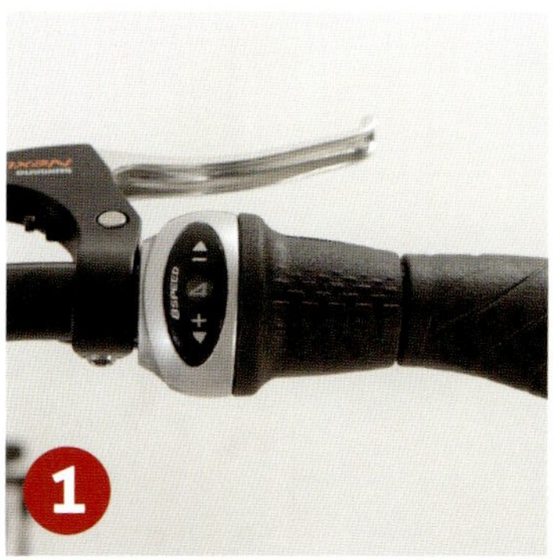

Sportlich, dynamisch, leicht

Das Rennrad wird meist als **reines Sportgerät** für längere Touren und Rennen verwendet. Beim Rennrad werden besonders leichte Werkstoffe verbaut, die trotzdem für eine ausreichende Stabilität sorgen. Das Gewicht liegt zwischen 5 und 10 Kilogramm. Kennzeichnend für Rennräder sind vor allem die **schmalen Felgen und Reifen**.

Mechanische Felgenbremsen und **Kettenschaltungen mit 20 bis 30 Gängen** sind beim Rennrad standardmäßig zu finden. Bei einigen Rennradmodellen finden sich inzwischen auch Scheibenbremsen.

Die meisten hochwertigen Rahmen werden aus Carbon hergestellt. Dadurch sind die Rennräder noch leichter und komfortabler. Carbon ist allerdings teuer und recht empfindlich.

Üblicherweise verfügen Rennräder weder über Gepäckträger noch über Beleuchtung mit Dynamo oder Schutzbleche. Dafür sind **Trinkflaschen-Halter** für die meisten Sportler unerlässlich und werden dementsprechend häufig am Rahmen eines Rennrads befestigt.

Der **Sattel** des Rennrades ist **lang und schmal**. Er wird höher als der Lenker eingestellt. Die aerodynamische Haltung des Fahrers und die **leichte Bauweise** mit wenigen, aerodynamisch geformten Speichen ermöglichen hohe Geschwindigkeiten.

Rennrad mit schmalem Sattel, Rennlenker und und aerodynamischen Hochprofil-Felgen

Nabenschaltung einstellen

3-Gang-Nabenschaltung mit Clickbox

Werkzeug
Maulschlüssel 10 mm

Die 3-Gang-Nabenschaltung mit Clickbox hat an der Clickbox eine Stellschraube, die mit einer Mutter gesichert ist.

1. Schalten Sie in den zweiten Gang.

2. Lösen Sie die Mutter mit dem Maulschlüssel.

3. Drehen Sie jetzt die entsicherte Stellschraube, bis sich der Indikator in der Clickbox zwischen den beiden gelben Strichen befindet.

4. Schalten Sie in den dritten Gang und dann wieder zurück in den zweiten. Der Indikator muss sich weiterhin zwischen den beiden Strichen befinden; andernfalls stellen Sie etwas nach.

5. Nun sichern sie die Stellschraube wieder mit der Mutter.

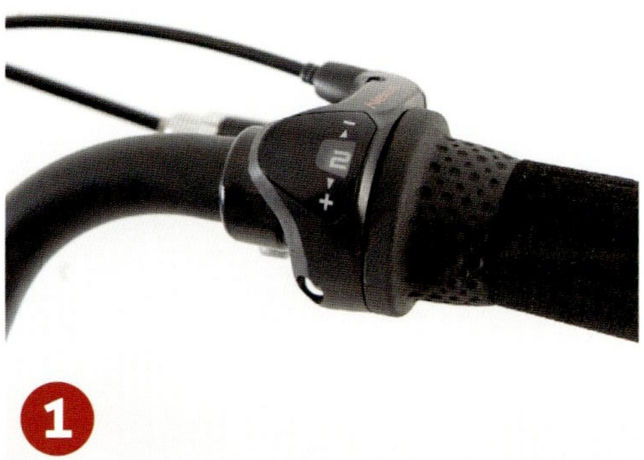

Schmaler, lang-
gezogener Sattel
Leichter Rahmen
Vorbau
Aluminium- oder
Carbon-Rennlenker
Messerspeichen
Felgenbremse
Felgenbremse
Umwerfer
ULTEGRA
SCHWALBE
ULTREMO
Schaltwerk
Kettenschaltung
Klickpedale
extrem schmale
Rennradreifen
Hochprofil-Felgen

Einstellung des Schaltwerks bei „springenden" Gängen (Fortsetzung)

3. Neben der Stellschraube am Schalthebel gibt es eine weitere am Schaltwerk, die für die Einstellung geeigneter ist, da Sie beim Drehen sehen können, in welche Richtung sich das Schaltwerk bewegt.

4. Drehen Sie die Stellschraube gegen den Uhrzeigersinn, bewegt sich das Schaltwerk Richtung Nabe; drehen Sie die Stellschraube im Uhrzeigersinn, bewegt sich das Schaltwerk Richtung Ausfallende. Es gibt selten auch sogenannte inverse Schaltwerke, bei denen der Mechanismus umgekehrt funktioniert.

5. Schalten Sie nach der Einstellung alle Ritzel durch, überprüfen Sie für jedes den Kettenlauf und stellen Sie gegebenenfalls etwas nach.

Robust und wendig

Das robuste Mountainbike eignet sich **speziell für unbefestigtes, anspruchsvolles und bergiges Gelände**. Ähnlich wie das Rennrad wird das Mountainbike meist als Sportgerät genutzt. Im Vordergrund stehen auch hier vor allem das **geringe Gewicht** und die **Stabilität**. Für letzteres sorgen vor allem die breiten, grobstolligen 26-, 27,5- oder 29-Zoll-Reifen. Modelle mit 26-Zoll-Reifen eignen sich besonders für den Einsatz auf dem Singletrail und in der Luft. Aufgrund der kleineren Bereifung sind diese Räder **sehr wendig**.

Bei den **Touren-Mountainbikes** haben sich inzwischen Räder mit 27,5- und 29-Zoll- Bereifung durchgesetzt. Diese sind zwar nicht ganz so wendig, haben dafür aber deutlich mehr Traktion und eine höhere Laufruhe.

Ein Mountainbike verfügt normalerweise über einen **kleineren Rahmen** als andere Fahrradtypen. Je nach Modell ist das Oberrohr mehr oder weniger stark abfallend. Der Rahmen wird heute fast ausschließlich aus Aluminium oder Carbon gefertigt. Mountainbikes sind vorwiegend mit **Kettenschaltungen bis zu 30 Gängen** ausgestattet. Seltener werden auch sehr teure Getriebe-Schaltungen verbaut.

Typische Merkmale sind ein **gerader, breiter Lenker** und ein **schmaler Sattel**. Dieser wird meist höher als der Lenker positioniert. Äußerst wichtig sind für das Fahren im schweren Gelände die Bremsen. Klassischerweise werden in Mountainbikes **hydraulische Scheiben- oder Felgenbremsen** verbaut.

Die **Federung** befindet sich meist am Vorderrad. Bei einigen Modellen gibt es eine zusätzliche Federung am Hinterrad (Full suspension). Die Modelle mit Vollfederung bieten einen besseren Bodenkontakt, sind jedoch teurer und schwerer.

Mountainbike mit Sloping-Rahmen

Einstellung des Schaltwerks bei „springenden" Gängen

Werkzeug:
Kein Werkzeug erforderlich.

Ist das Schaltwerk nicht gut eingestellt, kommt es oft zu „Kettenrattern" oder dazu, dass die Kette zwischen zwei Gängen springt.

1. Stellen Sie sich hinter Ihr Fahrrad und schauen Sie von hinten auf Schaltwerk und Ritzel. Ritzel und die Kette auf den Schaltröllchen des Schaltwerks müssen eine gerade Linie ergeben. Sollte dies nicht der Fall sein, muss das Schaltwerk eingestellt werden.

2. Schalten Sie zum Einstellen des Schaltwerks auf das kleinste oder das größte Ritzel.

Das Mountainbike

Einstellung des Umwerfers bei Kettenschleifen

Werkzeug:
Kein Werkzeug erforderlich.

Der Umwerfer hat eine Stellschraube an dem am Lenker befestigten Schalthebel. Durch Drehen der Stellschraube können Sie den Umwerfer nach innen und außen bewegen.

1. Schleift also die Kette auf der Innenseite des Umwerfers, drehen Sie die Stellschraube am Schalthebel im Uhrzeigersinn, um den Umwerfer nach innen zu bewegen.

2. Schleift die Kette auf der Außenseite des Umwerfers, drehen Sie die Stellschraube am Schalthebel gegen den Uhrzeigersinn, um den Umwerfer nach außen zu bewegen.

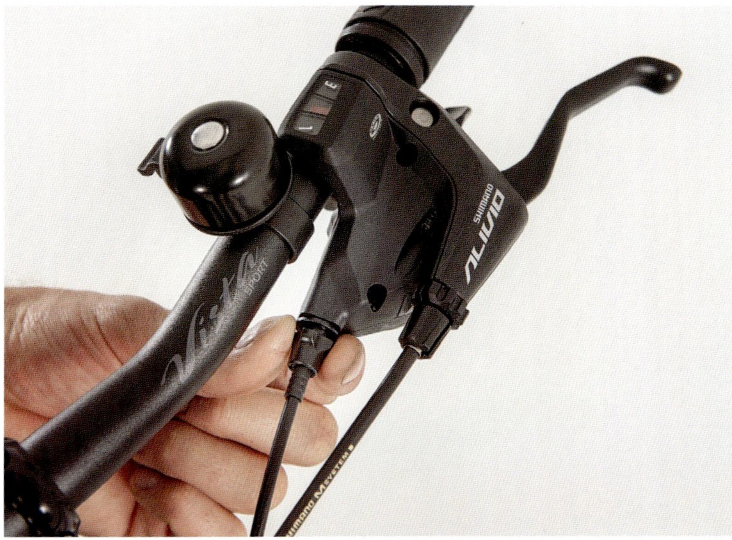

Das E-Bike

Sicher und bequem

Schweißfrei und ohne große Anstrengung ist man mit einem E-Bike unterwegs. Durch die leichte Bedienung sind E-Bikes, trotz ihres oftmals hohen Preises, äußerst gefragt. Das meist verbreitete Modell ist das sogenannte **Pedelec**.

Ein **Motor** mit ca. **250 Watt Leistung** unterstützt den Fahrer während des Tretens bis zu einer **Geschwindigkeit von 25 km/h**. Durch einen Knopf am Lenker wird das System aktiviert.

Ein wichtiges Bauteil neben dem Motor ist der **Akku**. Er sorgt neben dem Motor für die Fahrleistung und ist für die Reichweite verantwortlich. Die Reparatur von Akku, Motor und Display sollte man in jedem Fall dem Fachmann überlassen, da die Wartung sehr Komplex ist und zum Auslesen der Fahrzeugdaten eine spezielle Software benötigt wird.

Schaltung einstellen

Nabenschaltung

Nabenschaltungen lassen sich – im Gegensatz zu Kettenschaltungen – meist einfach einstellen. Auf den folgenden Seiten zeigen wir die Grundeinstellungen. Als Beispiele dienen hier wieder die häufig verbauten Modelle 3-Gang-Nabenschaltung mit Clickbox und Nexus-8-Gang-Nabenschaltung. Beide Schaltungen haben Indikatoren, die zeigen, ob die Schaltung richtig eingestellt ist.

Kettenschaltung

Eine Kettenschaltung einzustellen ist sehr komplex und erfordert ein gewisses Maß an Erfahrung. Daher werden hier nur grundlegende Tipps gegeben, die auch für den Laien leicht umsetzbar sind. In allen anderen Fällen sollten Sie Ihr Rad in eine Werkstatt bringen. Bei Kettenschaltungen gibt es keine Indikatoren, die eine Einstellung erleichtern. Daher werden nur einige Basiseinstellungen beschrieben, die ohne Werkzeug durchzuführen sind.

Zu unterscheiden sind bei einer Kettenschaltung grundsätzlich zwei einstellbare Bauteile: Der **Umwerfer**, der die Kettenblätter bedient und das **Schaltwerk**, das die Ritzel bedient. Die Einstellung beider Bauteile erfolgt über eine Veränderung der Schaltzugspannung durch die Einstellung der Stellschraube am Schalthebel. Eine zweite Einstellschraube befindet sich meist am Schaltwerk.

Wenn die Kette schleift, sollte die Einstellung des Umwerfers geprüft und gegebenenfalls korrigiert werden. Bei sogenannten „springenden Gängen" ist eine Prüfung und eventuelle Neueinstellung des Schaltwerks nötig. Auf den folgenden Seiten zeigen wir Ihnen, wie Sie in diesen Fällen vorgehen.

Indikator an der 8-Gang-Naben-Schaltung

Indikator an der 3-Gang-Naben-Schaltung

Kettenschaltung, Einstellschraube am Schalthebel

Kettenschaltung, Einstellschraube am Schaltwerk

Sattel
Vorbau
Display,
Steuerelement
Gepäckträger
Frontscheinwerfer
Rücklicht
Akku
Scheibenbremse
Pedale
Motor
Reflektorstreifen
Laufräder

Seitenzug-Bremse (Fortsetzung)

3. Drücken Sie die (neuen) Bremsbeläge auf die Felgenflanke und fixieren Sie den Bremszug mit dem Inbus.

4. Richten Sie die Bremsbeläge parallel zur Bremsflanke aus und fixieren Sie diese mit dem Inbus.

Der Sattel

Die **Form des Sattels** hängt in erster Linie vom Einsatzzweck und dem Fahrradtyp ab. Im Stadtbereich sieht man oft Hollandräder. Durch die aufrechte Haltung auf diesen Rädern, in Verbindung mit der entspannten Rückenmuskulatur, wirken Stöße allerdings besonders stark auf die Bandscheiben. Aus diesem Grund sind Sättel für **Hollandräder** meist sehr weich und zudem gefedert. Da man mit dem gesamten Gesäß Kontakt zum Sattel hat, ist er außerdem entsprechend breit. (Bild A)

Für den **Sportbereich** (Bild B) sind die Sättel deutlich schmaler geschnitten und kaum gepolstert, denn durch das Vorkippen des Oberkörpers in eine „Rennhaltung" verlagert man das Gewicht von den Sitzbeinhöckern auf die Schambeinkufen. Diese liegen deutlich enger beieinander und erfordern somit auch einen schmaleren Sattel. Auf eine Polsterung wie bei einem Hollandrad wird verzichtet, da man mit der Oberschenkelinnenseite bei jeder Pedalumdrehung an diesem Polster reiben und durch das Einsinken in das Polster der untere Rücken destabilisiert würde.

Bei **Trekking-Sätteln** (Bild C) versucht man einen Mittelweg zu finden. Die Haltung auf diesen Rädern ist zwar leicht vorgebeugt, jedoch längst nicht so extrem wie auf einem Rennrad. Die Form des Sattels ähnelt der eines Rennradsattels, in der Regel ist er jedoch etwas breiter und ausreichend gepolstert.

Bei der **Breite des Sattels** wird außerdem zwischen Damen- und Herrensätteln unterschieden. Damensättel sind etwas breiter und kürzer geschnitten, Herrensättel dagegen schmaler und länger. Dieser Formgebung liegt der Gedanke zugrunde, dass Frauen in der Regel einen größeren Abstand der Beckenknochen haben als Männer.

Trotzdem raten Fahrradexperten häufig, Sättel nicht geschlechtsspezifisch, sondern individuell auszusuchen. Denn es ist durchaus möglich, dass sich eine Frau auf einem Herrensattel wohler fühlt und umgekehrt.

Seitenzug-Bremse

Werkzeug

Maulschlüssel 10 mm

Inbusschlüssel 5 mm

Die Seitenzug-Bremse lässt sich mit wenigen Handgriffen selbst einstellen.

1. Lösen Sie den Bremszug mit dem Inbus. (Wenn Sie nur die Bremsbeläge etwas verstellen wollen, kann die Bremse auch eingehängt bleiben.)

2. Lösen Sie die Bremsbeläge mit dem Inbus und nehmen Sie sie heraus.

Der Lenker

Der Fahrradlenker ist mitentscheidend für die **Haltung des Fahrers**. Je nach Kröpfung oder Aufbiegung bietet er in Verbindung mit dem Vorbau eine ganze Reihe verschiedener Sitzpositionen. Er dient nicht nur dem Lenken, sondern dämpft auch Stöße, die durch Unebenheiten des Untergrundes entstehen. Der Lenker kann Fahrverhalten und -komfort erheblich beeinflussen.

Die meisten Lenker werden aus **Stahl oder Aluminium** hergestellt. Stahllenker sind sehr robust. Bei Stürzen können sie zwar verbiegen, brechen aber so gut wie nie. Diese Lenkerart ist sehr langlebig, dafür haben sie allerdings auch ein höheres Gewicht. Heutzutage werden meist Alulenker verbaut. Trotz der besser gewordenen Legierungen ist das Material etwas spröder als Stahl. Die Lenker sollten bei intensiver Benutzung regelmäßig überprüft und gegebenenfalls ausgetauscht werden.

Der Fahrradlenker kann nicht ohne den **Vorbau** betrachtet werden. Dieser hält den Lenker fest und verbindet ihn mit der Vorderradgabel. Vorbauten gibt es in verschiedenen Längen und mit verschiedenen Winkeln. Einige Vorbauten lassen sich auch verstellen, so dass der Winkel frei wählbar ist. Für **Touren- und Hollandräder** verwendet man Vorbauten mit steilen Winkeln, um eine entspannte, relativ aufrechte Sitzposition zu erreichen (Bild A). Bei **sportlichen Rädern** ist der Vorbau meist etwas länger und die Sitzposition dadurch gestreckter. Vorbau (Bild B) und Lenker bieten eine große Menge von Kombinationsmöglichkeiten, so dass sich mit etwas Probieren eine entspannte Sitzposition finden lässt.

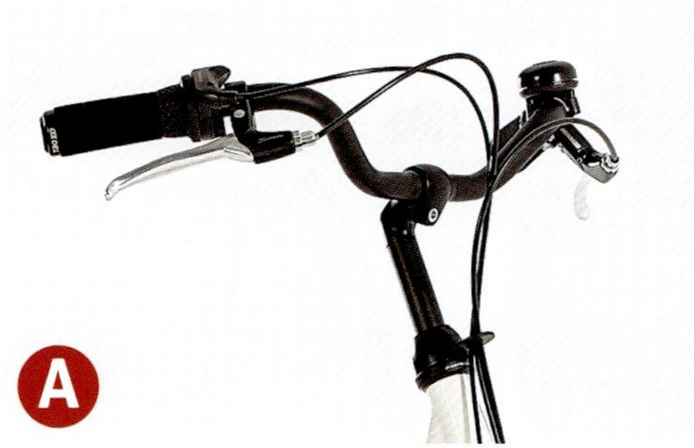
A

B

Lenkerformen

Die Form des Fahrradlenkers richtet sich nach dem Einsatzzweck. Für jede Disziplin des Fahrradfahrens gibt es verschiedene Lenker und bei jedem Lenkertyp existieren noch einmal unzählige verschieden Ausfertigungen. Grundsätzlich können aber einige Typen unterschieden werden:

Der gängigste Lenker ist der klassische **Tourenlenker** (Bild 1). Im Bereich der Lenkerklemmung ist er gerade und knickt an

1

Cantilever-Bremse (Fortsetzung)

7. Hängen Sie jetzt die Bremse wieder ein und befestigen Sie das Bremskabel.

8. Sollte die Bremse sich nicht gleichmäßig öffnen, gibt es für die Feineinstellung zwei kleine Schrauben an den Bremsschenkeln, mit denen sich die Federspannung erhöhen lässt. Öffnet sich der Bremsschenkel auf einer Seite weniger weit als auf der anderen, drehen Sie die Schraube auf dieser Seite etwas herein.

7

8

den Griffenden leicht nach hinten ab, um die Handgelenke zu entlasten. Dieser Lenker wird sowohl an sportlicheren City-Rädern verbaut, wie auch an Touren- und Trekkingrädern. Er lässt sich durch Anbauteile wie Lenker-Hörnchen individuell anpassen und ermöglicht dann eine große Anzahl verschiedener Griffvarianten. Auf längeren Touren kann dies wichtig sein, um Rücken und Hände zu entlasten.

Für **Holländräder** wird ein deutlich stärker gekröpfter Lenker verwendet, um die Griffe möglichst nah an den Oberkörper zu bringen und so eine aufrechte Sitzposition zu erreichen (Bild 2). Da es bei Holländrädern nicht auf das Gewicht ankommt, werden diese Lenker immer noch hauptsächlich aus Stahl gefertigt.

Rennlenker (Bild 3) können in Oberlenker- und Unterlenkerposition gefahren werden. Bei langsamer Fahrt und bei Bergfahrten wird meist in Oberlenkerposition gefahren, um den Rücken zu entlasten. Bei schneller Fahrt auf ebenem Terrain wird die Unterlenkerposition bevorzugt, um wenig Luftwiderstand zu erzeugen. Bei komfortableren Rennlenkern ist der Unterlenker weniger tief nach unten gezogen als bei den entsprechenden Wettkampfversionen. Gefertigt werden diese Lenker fast ausschließlich aus Aluminium und Karbon.

Mountainbikelenker (Bild 4) sind deutlich breiter als die anderen Lenkerversionen. Unterschieden wird hier zwischen **Marathon-Lenkern** und **Downhill-Lenkern**. Der Marathon-Lenker wird bei Rädern verbaut, die für längere Querfeldein-Fahrten konzipiert sind. Die Lenkerbreite liegt bei diesen Rädern etwa bei 65 cm. Bei Downhill-Rädern werden Lenker bis 80 cm Breite verbaut, um das Steuern bei hohen Geschwindigkeiten auf unebenem Untergrund zu erleichtern.

Mountainbikelenker sind relativ gerade geformt und kaum nach hinten gekröpft. Allerdings wird oft eine sogenannte Riser-Form benutzt. Der Lenker ist dabei neben der Lenkerklemmung leicht nach oben gebogen und verläuft dann wieder gerade. Die Griffe liegen dann etwa zwei Zentimeter über der Lenkerklemmung, was einen besseren Überblick bei Bergab-Fahrten ermöglicht.

2

3

4

Cantilever-Bremse (Fortsetzung)

4. Lösen Sie mit dem Maulschlüssel die Klemmschraube des Bremsbelages. Halten Sie mit dem Inbus etwas dagegen. Der Bremsbelag ist jetzt frei beweglich.

5. Stellen Sie nun den richtigen Abstand des (neuen) Bremsbelages zum Bremsschenkel her. Dafür drücken Sie den Bremsschenkel in die Bremsposition und positionieren den Bremsbelag parallel zur Bremsflanke.

6. Fixieren Sie den Bremsbelag mit dem 10er-Maulschlüssel. Zum Gegenhalten und für eine genaue Positionierung verwenden Sie wieder den Inbus. Wiederholen Sie den Vorgang anschließend auf der anderen Seite.

Die Bremsen

Die meisten Fahrräder verfügen über **Felgenbremsen**. Eine Felgenbremse funktioniert über ein Seilzugsystem, das den Bremshebel mit dem Bremskörper verbindet. Betätigt man den Bremshebel, werden die Bremsbeläge auf die Felge gedrückt. Durch die entstehende Reibung wird das Rad zum Stehen gebracht.

Bei alten Hollandrädern findet man oft noch eine Klotzbremse; heute haben Hollandräder in der Regel eine Seitenzug- oder Trommelbremse. Die **Seitenzugbremse** ist eine klassische Felgenbremse, während die **Trommelbremse** an der Nabe sitzt (Bild A). Dort sind in einem runden Gehäuse zwei Beläge verbaut, die durch die Betätigung des Bremszuges an die äußere Wandung des Gehäuses gedrückt werden.

Bei Mountainbikes und Tourenrädern wurde bis vor etwa 15 Jahren meist eine **Cantilever-Bremse** (Bild B) verbaut, die dann von ihrer Weiterentwicklung, der **V-Brake** (Bild C), abgelöst wurde. Beides sind Felgenbremsen. Die V-Brake erzeugt über längere Bremsschenkel mehr Kraft und ist deutlich einfacher einzustellen als die Cantilever-Bremse (siehe S. 76 ff.).

Die Felgenbremse gibt es auch in einer **hydraulischen Ausführung**. Mit dem Bremshebel wird dabei ein Kolben bewegt, der die Bremsflüssigkeit in ein mit dem Bremskörper verbundenes Leitungssystem drückt, das bei den Bremskolben endet. Durch die einströmende Flüssigkeit werden die Bremsbeläge Richtung Felge bewegt. Da keine Kraftverluste durch Reibung und Dehnung entstehen, wie es bei den anderen Bremsen der Fall ist, ist die Bremswirkung dieses Systems besonders gut.

Heute werden vielfach auch **Scheibenbremsen** (Bild D) verbaut, wobei auch hier das hydraulische System eine deutlich bessere Bremskraft erzeugt. Die Vorteile der Scheibenbremse liegen vor allem im Bereich der großen Bremswirkung. Besonders bei Nässe und Dreck oder aufgrund von Hitzeentwicklung bei Abfahrten verlieren sie nicht wie Felgenbremsen an Bremskraft.

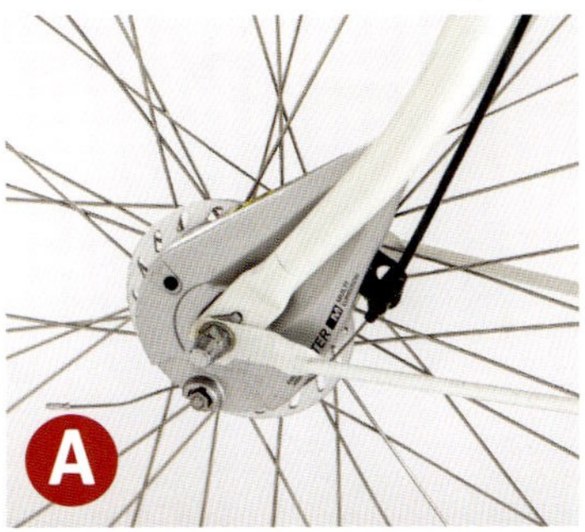

Cantilever-Bremse

Werkzeug

Inbusschlüssel 5 mm

Maulschlüssel 10 mm

kleiner Schraubendreher (Schlitz oder Kreuz)

Inbusschlüssel 2,5 mm (selten)

Die Montage und Einstellung der Bremsbeläge bei einer Cantilever-Bremse kann etwas kniffelig sein, da die Bremsbeläge nach dem Lösen der entsprechenden Schraube in alle Richtungen frei bewegbar sind. Mit etwas Übung sollte es trotzdem gelingen.

1. Lösen Sie den Bremszug mit dem Inbus.

2. Hängen Sie die andere Seite am Bremsschenkel aus.

3. Die Bremse ist jetzt komplett gelöst. (Wenn Sie nur die Bremsbeläge etwas verstellen wollen, kann die Bremse auch eingehängt bleiben.)

Die Reifen

Es gibt für jedes Fahrrad eine große Auswahl Reifen und eine riesige Vielfalt an Profilen und Gummimischungen. Im Prinzip lässt sich – unter Berücksichtigung des Rahmens und der Felgenbreite – für jedes Rad fast jeder Reifen verwenden. Aber auch hier kommt es auf den Fahrradtyp und den Einsatzzweck an.

Rennradreifen sollen vor allem leicht laufen, daher muss der Rollwiderstand gering sein. Das Profil ist entweder gar nicht vorhanden oder sehr flach ausgeprägt. Die Reifen sind sehr leicht, um die rotierende Masse möglichst klein zu halten. Wettkampfreifen sind im Zeitfahrbereich oft nur 19 mm breit. Im Hobbysport geht der Trend jedoch zu etwas breiteren Reifen, mit bis zu 28 mm.

Reifen für Hollandräder müssen vor allem widerstandsfähig sein, daher ist in den hochwertigeren Reifen immer eine Pannenschutzeinlage verbaut. Da auch der Rollwiderstand zweitrangig ist, haben die Reifen meist ein ausgeprägtes Straßenprofil. Um komfortabel über Unebenheiten rollen zu können, sind die Reifen bis zu 50 mm breit.

Ein **Tourenradreifen** soll leicht, aber widerstandsfähig sein, viel Grip bieten, aber leicht rollen, und Komfort bieten, ohne zu breit zu sein. Hier müssen notgedrungen Kompromisse gemacht werden. Für lange, sportliche Touren wählt man einen schmaleren Reifen mit wenig Profil und geringem Gewicht. Für Tagesausflüge kann der Reifen etwas breiter und schwerer sein. Das Profil kann abhängig vom befahrenen Untergrund gewählt werden. Die Breite der Reifen liegt etwa zwischen 32 und 42 mm.

Beim **Mountainbike** muss zwischen Marathonbike und Downhillbike unterschieden werden. Auf Marathonräder sollten leichte Reifen aufgezogen werden, die ein moderates Stollenprofil haben. Die rotierende Masse soll gering gehalten werden, um schnell beschleunigen zu können und das Rad wendig zu halten. Die Reifenbreite liegt bei etwa 44 mm bis 55 mm.

Bei Downhillbikes sind die Reifen deutlich breiter (55 mm bis 68 mm) und haben ein stark ausgeprägtes Stollenprofil. Das große Volumen in Verbindung mit einer schweren, stabilen Karkasse ist nötig, um ein Durchschlagen des Reifen auf spitzen Hindernissen zu vermeiden.

Hollandradreifen mit Straßenprofil

Trekkingradreifen, leicht und widerstandsfähig

Spike-Reifen für den Einsatz auf Schnee und Eis

V-Brake (Fortsetzung)

4. Der Bremsbelag sollte parallel (oder wie oben beschrieben, leicht v-Förmig) zur Felge stehen. Ist dies der Fall, fixieren Sie den Bremsbelag wieder mit dem Inbus. Wiederholen Sie dann den Vorgang auf der anderen Seite.

5. Hängen Sie jetzt die Bremse wieder ein und befestigen Sie das Bremskabel.

6. Sollte die Bremse sich nicht gleichmäßig öffnen, gibt es für die Feineinstellung zwei kleine Schrauben am Fuß der Bremsschenkel, mit denen sich die Federspannung erhöhen lässt. Öffnet sich der Bremsschenkel auf einer Seite weniger weit als auf der anderen, drehen Sie die Schraube auf dieser Seite etwas herein.

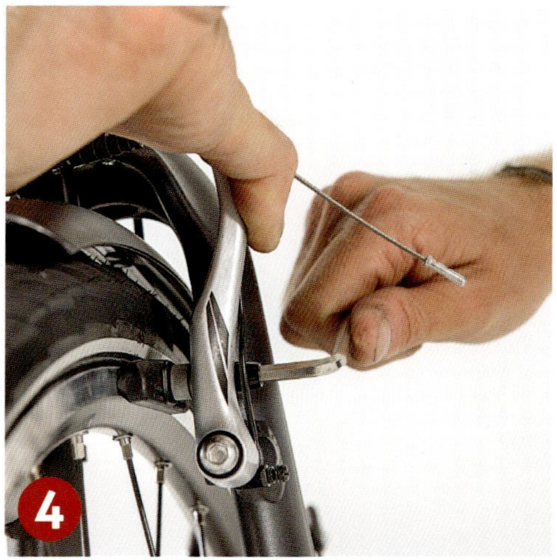

Die Ventile

Das Befüllen des Reifens mit Luft funktioniert über das Fahrradventil. Fahrradreifen verfügen in der Regel über eine der drei folgenden Ventilarten:

Sclaverand-Ventil (französisches Ventil)

- wird häufig bei Rennrädern und teilweise bei Mountainbikes verwendet
- ist sehr schlank im Durchmesser und extrem druckstabil
- muss vor dem Pumpen aufgedreht werden und wird nach dem Aufschrauben durch kurzes Antippen am oberen Ende geöffnet

Schrader-Ventil (Standard-, Autoventil)

- Verwendung bei Trekkingrädern und Mountainbikes
- kann problemlos an jeder Tankstelle befüllt werden

Dunlop-Ventil (Blitzventil)

- Verwendung bei Hollandrädern

V-Brake

Werkzeug

Inbusschlüssel 5 mm

kleiner Schraubendreher (Schlitz oder Kreuz)

1. Zunächst wird der Bremszug entweder gelöst oder ausgehängt, um besser an den Bremsschenkeln arbeiten zu können. Wenn Sie nur die Bremsbeläge etwas verstellen wollen, kann die Bremse aber auch eingehängt bleiben.

2. Für die Ausrichtung der Bremsbeläge lösen Sie die Bremsbeläge zunächst mit einem 5er-Inbus.

3. Montieren Sie dann den (neuen) Bremsbelag an den Bremsschenkel.

Die Schaltung

Nabenschaltung

Nabenschaltungen werden aufgrund ihrer **Unempfindlichkeit** hauptsächlich bei Alltagsrädern verbaut. Da diese Gangschaltung auch im Stehen bedient werden kann, ist sie ideal für den Straßenverkehr mit vielen Ampeln. Sie ist leicht zu bedienen und **äußerst zuverlässig**, hat einen geringen Verschleiß und muss nur selten gewartet werden. Kette, Ritzel und Kettenblatt verschleißen nur langsam, da es beim Schalten keine Schräglage der Kette gibt. Durch den höheren Aufwand bei der Produktion und die komplexe Technik ist die Nabenschaltung bei ähnlicher Qualität **oft teurer** als die Kettenschaltung. Auch das Gewicht ist deutlich höher.

Nabenschaltungen gibt es mit **3 bis 14 Gängen**. Da der Platz in der Nabe beschränkt ist, sind weniger Gänge möglich als bei einer Kettenschaltung. Nabenschaltungen können mit einer Rücktrittbremse kombiniert werden. Da der gesamte Mechanismus gekapselt und somit vor Dreck und Wasser geschützt ist, funktioniert die Nabe **fast wartungsfrei**. Lediglich ein regelmäßiges Nachschmieren kann nötig sein.

Kettenschaltung

Bei der Kettenschaltung liegen sämtliche Bauteile offen, was die **Anfälligkeit** erhöht. Schmutzwasser und Stöße können den **Verschleiß** erhöhen und zur Beschädigung der Schaltung führen. Die Kettenschaltung wird daher in erster Linie bei Sport- und Tourenrädern verbaut. Vorteile gegenüber der Nabenschaltung sind vor allem die **größere Spannweite** zwischen kleinstem und größtem Gang sowie die **feinere Abstufung**, bei **bis zu 30 Gängen**. Die Kettenschaltung lässt sich auch unter Belastung noch relativ gut schalten, was bei Bergfahrten und Fahrten mit viel Gepäck von Vorteil sein kann.

Bei der Kettenschaltung sind am Tretlager bis zu drei **Kettenblätter** angebracht, die von der Kurbel angetrieben werden. Der oberhalb der Kettenblätter angebrachte **Umwerfer** wird vom Lenker aus bedient und führt die Kette über das gewählte Kettenblatt.

Auf dem Freilaufkörper der Hinterradnabe ist das **Ritzelpaket** befestigt. Dies besteht aus bis zu elf aufeinander abgestimmten Ritzeln. Am Schaltauge unterhalb der Ritzel ist das **Schaltwerk** befestigt, das vom Lenker aus mit dem zweiten Schalthebel bedient wird. Die Anzahl der Gänge ergibt sich aus der Anzahl der Kettenblätter multipliziert mit der Anzahl der Ritzel.

Bei den Schaltvorgängen muss beachtet werden, dass der Schräglauf der Kette nicht zu groß ist, da Kette und Kettenblätter/Ritzel sonst sehr schnell verschleißen und schlimmstenfalls beschädigt werden.

Einstellschrauben

Die meisten Bremsen haben **Einstellschrauben am Bremsgriff**, für deren Bedienung kein Werkzeug benötigt wird. Drehen Sie diese Schraube aus dem Bremsgriff heraus, können Sie damit die Bremsbeläge wieder näher an die Felge stellen und so das Bremsverhalten verbessern. Bei Rennrädern befindet sich die **Stellschraube an der Bremse**.

Achten Sie in jedem Fall darauf, dass Sie die Stellschraube nicht komplett herausdrehen.

Die drei gängigsten mechanischen Bremsen (Felgenbremsen, siehe auch S. 19) sind:

- V-Brake
- Seitenzug-Bremse
- Cantilever-Bremse

Die Einstellung dieser drei Bremstypen wird auf den folgenden Seiten erläutert.

Bremsbeläge

Grundsätzlich sollten bei allen Bremsen die Bremsbeläge parallel zur Felge montiert werden, um einen kurzen Bremshebelweg und eine optimale Bremsleistung zu erreichen.

In einigen Fällen führt eine parallele Ausrichtung jedoch zu quietschenden Bremsen. Ist das der Fall, stellen Sie die Bremsbeläge leicht v-förmig zur Felge, wobei der in Fahrtrichtung gesehen vordere Teil des Bremsbelages näher zur Felge steht.

Einstellschraube am Bremsgriff

Einstellschraube an der Bremse

Bremsbeläge parallel zur Felge

Bremsbeläge v-förmig zur Felge

Die Pedale

Die Pedale dienen als Kontaktpunkt zwischen Fahrer und Fahrrad. Sie nehmen die vom Fahrer erbrachte Kraft auf und leiten sie über die Tretkurbeln und das Tretlager in den Antrieb. Um eine optimale Kraftübertragung zu ermöglichen, gibt es für jeden Radtyp spezielle Pedale.

Block- oder Plattformpedale gibt es in verschiedenen Ausführungen. Für Holland- oder Tourenräder werden die Pedale meist mit einer gummierten Oberfläche hergestellt. Dies bietet eine gute Haftung und verhindert Verletzungen, sollte man einmal mit dem Fuß vom Pedal rutschen.

Für den Mountainbike-Bereich werden die Pedale meist aus Metall gefertigt. Günstigere Modelle für einen moderaten Geländeeinsatz sind meist aus Aluminium oder Stahl gegossen und haben einen „gezackten" Randbereich, der für guten Halt sorgt. Hochwertige Mountainbike-Pedale für den Downhilleinsatz sind meist aus Aluminium gefräst und haben auf der gesamten Standfläche auswechselbare Stahl-Pins, die es dem Fahrer erlauben, sich mit seinen Schuhen am Pedal „festzuhalten".

Für den Einsatz im Sportbereich empfehlen sich sogenannte **Klickpedale**. Auch hier gibt es viele verschiedene Systeme von unterschiedlichen Herstellern. Das Grundprinzip ist jedoch fast immer gleich: Das Pedal hat einen Federmechanismus, der es erlaubt, in ein am Schuh befestigtes Gegenstück einzurasten. Sind Pedal und Schuh so verbunden, ist es möglich, das Pedal während des Pedalierens auch nach oben zu ziehen. Dies führt dazu, dass deutlich mehr Kraft auf den Antrieb übertragen werden kann. Die Verbindung zum Pedal kann durch eine Rotation des Fußes nach außen gelöst werden.

Im Mountainbike-Bereich werden Klickpedale benutzt, die ein beidseitiges Einsteigen erlauben. Die Schuhplatten (Cleats) sind sehr klein und in die Sohle des Schuhs eingelassen. So kann man im Gelände absteigen und wird beim Gehen nicht behindert. Im Rennrad-Bereich sind die Schuhplatten deutlich größer, um eine bessere Kraftübertragung zu ermöglichen. Diese Platten werden unter den Schuh geschraubt und machen ein normales Gehen unmöglich.

Rennrad-Klickpedal

Trekkingrad-Pedal mit gummierter Oberfläche

Der Dynamo

Werkzeug
keine Werkzeuge erforderlich

Wenn das Licht weder vorn noch hinten leuchtet, ist es möglich, dass der Dynamo defekt ist.

1. Überprüfen Sie zunächst, ob die Kontakte am Dynamo nicht locker oder korrodiert sind (siehe auch S. 71).

2. Wenn es nicht an den Kontakten liegt, überprüfen Sie die Beleuchtung am besten mit einer Batterie. Ziehen Sie hierfür die Kabel aus dem Dynamo und halten Sie an die Kontakte der Batterie. Sollte die Beleuchtung jetzt einwandfrei funktionieren, können Sie davon ausgehen, dass der Dynamo defekt ist und ausgetauscht werden muss.

Weitere Teile

Der Rahmen

Das Herzstück des Fahrrades ist der Rahmen. Durch ihn wird der Fahrer getragen, er bestimmt den Charakter des Rades und an ihm werden alle wichtigen Komponenten befestigt. Bei der Auswahl des richtigen Rahmens ist die individuelle Anforderung an das Rad entscheidend.

Die meisten Fahrräder, vor allem Sporträder, werden mit einem sogenannten **Diamantrahmen** gebaut. Diamantrahmen bestehen aus zwei Dreiecken. Das vordere Dreieck setzt sich aus Sitzrohr, Oberrohr und Unterrohr zusammen. Dazu kommt das Steuerrohr. Das hintere Dreieck besteht aus Sitzrohr, Sitzstreben und Kettenstreben. Diese Rahmenkonstruktion ist trotz vieler Weiterentwicklungen im Grunde genommen unverändert geblieben und stellt nach wie vor die beste Kombination aus Leichtbau und Verwindungssteifigkeit dar.

Die meisten modernen Herrenrahmen werden mit einer **Sloping-Geometrie** ausgestattet. Durch das nach hinten abfallende Oberrohr wird das Auf- und Absteigen erleichtert, der Rahmen ist noch stabiler. Für Damenräder, die auch gern von älteren Menschen benutzt werden, gibt es spezielle **Schwanenhalsrahmen**. Das Aufsteigen wird hier durch ein nach unten geschwungenes Unterrohr erleichtert. Da bei diesen Rahmen das Oberrohr fehlt, können sie sich relativ stark verwinden und daher nur bei geringen Geschwindigkeiten gefahren werden.

Einen Kompromiss stellt der **Trapezrahmen** dar; hier wird versucht, die Verwindungssteifigkeit des Diamantrahmens mit dem Einstiegskomfort des Schwanenhalsrahmens zu kombinieren.

Gabel und Federung

Die Gabel hält und führt das Vorderrad. Sie besteht aus der eigentlichen **Gabel** und dem **Gabelschaft**, der durch den Steuersatz im Steuerrohr des Rahmens geführt wird. Oberhalb des Steuerrohrs werden Vorbau und Lenker am Gabelschaft befestigt. Das Hinterrad wird durch den sogenannten Hin-

Diamantrahmen mit Sloping-Geometrie (leicht abfallendes Oberrohr)

Sloping-Rahmen

Schwanenhalsrahmen

Die Verkabelung 2

Werkzeug
Zange
Schrumpfschlauch
Feuerzeug
Isolierband

Sollte das Kabel komplett durchtrennt sein, gehen Sie wie folgt vor:

1. Entfernen Sie die Isolierung der beiden Kabelenden.

2. Idealerweise wird die neue Verbindung mit Schrumpfschlauch abgedichtet, dazu müssen Sie VOR der Neuverbindung der Kabel ein Stück Schrumpfschlauch über das Kabel ziehen. Verbinden Sie dann die Kabelenden neu.

3. Schieben Sie nun den Schrumpfschlauch über die zusammengezwirbelten Kabelenden. Erhitzen Sie den Schrumpfschlauch vorsichtig über einem Feuerzeug – der Schlauch zieht sich zusammen und dichtet das Kabel optimal ab. Sie können aber auch hier mit Isolierband arbeiten.

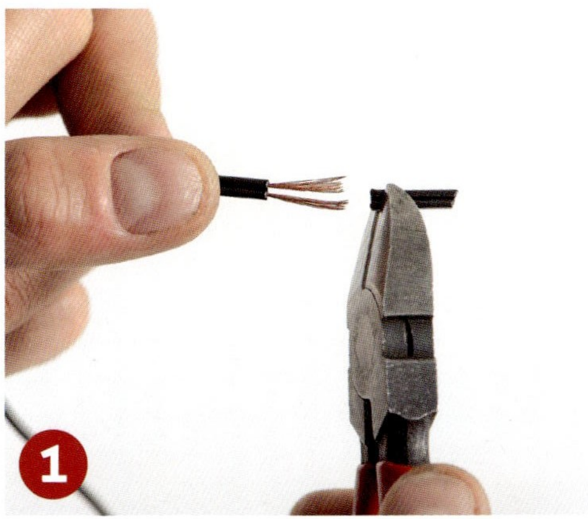

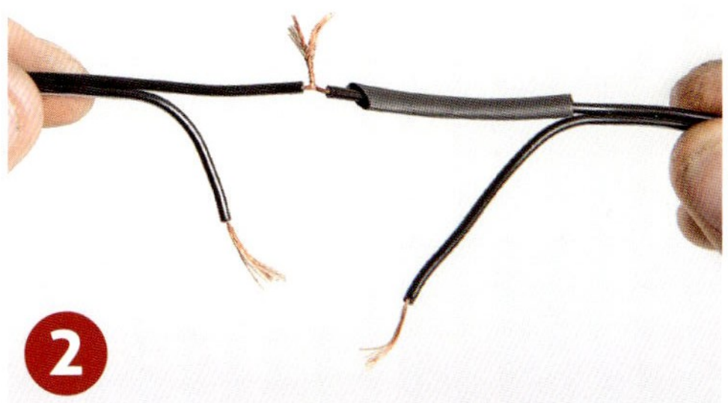

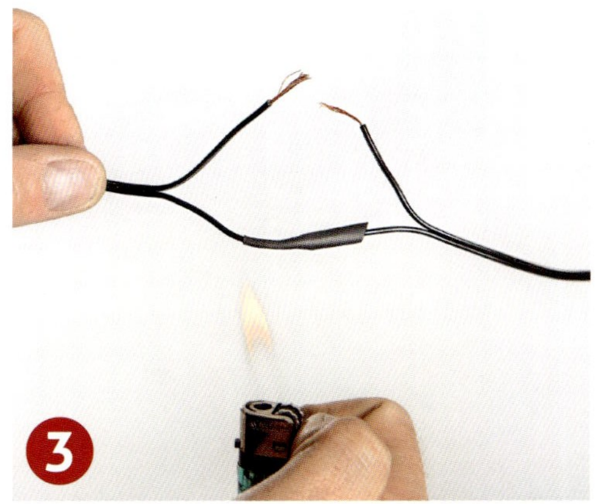

terbau geführt. Dieser besteht aus Sitz- und Kettenstreben und ist nicht beweglich.

Bei Mountainbikes und Tourenrädern werden oft **Federgabeln** verbaut. Beim Mountainbike dienen sie dazu, bei schnellen Abfahrten grobe Schläge abzufangen. Das schont die Arme und verbessert die Sicht auf die Strecke. Bei Tourenrädern dient die Federgabel einzig dem Komfort und der Entlastung der Handgelenke. Ein Nachteil der Federgabel liegt im etwas höheren Gewicht und der Wartungsintensität.

Bei Straßenrädern wird weiterhin hauptsächlich die sogenannte **Starrgabel** verbaut. Diese funktioniert wartungsfrei und ist vergleichsweise leicht.

Trapezrahmen

Das Innenlager

Das Innenlager wird umgangssprachlich auch als Tretlager bezeichnet. Das Innenlager wird in das Tretlagergehäuse des Rahmens geschraubt und ermöglicht es der Achse, sich im Tretlagergehäuse zu drehen. An den freiliegenden Enden der Achse werden die Kurbelarme befestigt, an deren Ende sich die Pedale befinden. Die durch Fahrer aufgebrachte Kraft wird über das Innenlager umgelenkt. Aufgrund dieser stetigen Belastung, verschleißt das Innenlager relativ schnell und muss bei Vielfahrern in regelmäßigen Abständen ausgetauscht werden. Innenlager gibt es in vielen verschiedenen Ausführungen. Lager- und Achsbreite variieren ebenso wie die Gewindemaße und Richtungen. Bei einem Tausch des Innenlagers muss also vorher genau geschaut werden, welches Modell verbaut ist.

Die Verkabelung 1

Werkzeug
Isolierband

1. Folgen Sie dem Kabel vom Dynamo bis zur Lampe. Oft ist die Isolierung irgendwo durchgescheuert oder eingerissen. An diesen Stellen kann der Stromfluss gestört sein.

2. Ein wenig Isolierband kann hier schon helfen: Umwickeln Sie die geschädigte Stelle ein paar Mal so eng wie möglich mit Isolierband.

1

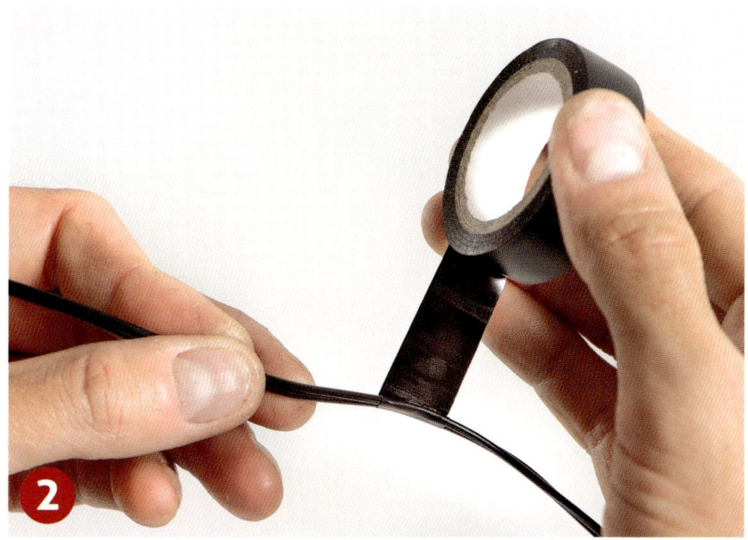
2

Das Fahrradschloss

Pro Jahr werden in Deutschland über 300 000 Fahrräder geklaut. Während früher Gelegenheitsdiebstähle einen Großteil der Taten ausmachten, werden heute viele Räder von gut organisierten Banden gestohlen. Besitzt man ein hochwertiges Rad, sollte man einen Teil seines Budgets in ein hochwertiges Schloss investieren.

Bügelschloss

Optisch ähnelt es einem Vorhängeschloss. Der große Metallbügel wird mit Kunststoff ummantelt, um Beschädigungen des Rades beim Gebrauch zu vermeiden. Das Querteil, in den der Metallbügel eingeführt wird, fungiert als Schließmechanismus. Bügelschlösser sind mit einem Durchmesser von bis zu 16 mm relativ schwer. Da das Schloss aus hochfestem Stahl gefertigt ist und keinerlei Gelenke hat, die als Ansatzpunkt für Werkzeug dienen könnten, gelten sie als die sicherste Möglichkeit, das Rad abzuschließen. Ein Nachteil der Bügelschlösser liegt darin, dass sie völlig unflexibel sind.

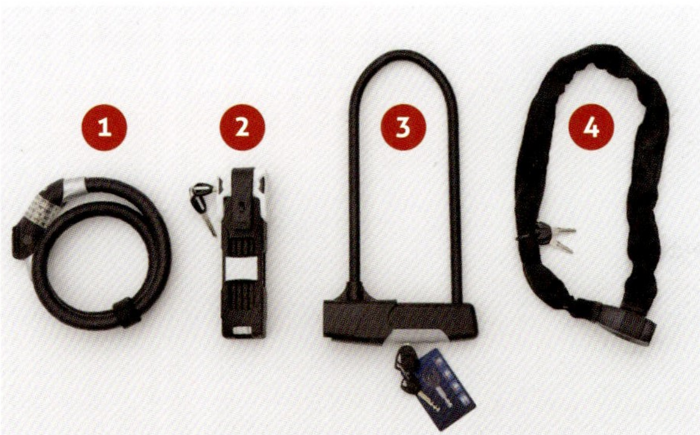

Kabelschloss (1), Faltschloss (2), Bügelschloss (3), ummanteltes Kettenschloss (4)

Kettenschloss

Beim Kettenschloss greifen einzelne Metallringe ineinander und bilden so eine Kette, deren Ende mit dem eigentlichen Schloss geöffnet und geschlossen werden kann. Es gibt sie in unterschiedlichen Längen und Materialstärken, sodass auch ihr Gewicht stark variiert. Da es sich um viele Gelenkverbindungen handelt, kann auch Werkzeug zum Aufbrechen besser angesetzt werden. Vorteile hat das Schloss allerdings im Alltagsgebrauch, da es sehr flexibel ist.

Faltschloss

Das Faltschloss vereint die Vorteile von Bügel- und Kettenschloss. Bei dieser Konstruktion sind Metallstege mit Gelenken verbunden. So ist das Schloss flexibel einsetzbar und das Profil der Metallstege erschwert den Einsatz von Bolzenschneidern und Sägen.

Kabelschloss

Hier wird ein Stahlseil mit Kunststoff ummantelt. Das Schloss verbindet die beiden Kabelenden. Die leichte Handhabung und Flexibilität macht diese Schlossart so beliebt. Da sie meist nicht besonders dick sind, bieten sie leider nur einen geringen Schutz. Selbst gewöhnlichen Kneifzangen können sie nicht lange standhalten.

Rahmenschloss

Das Rahmenschloss ist fest an den Sitzstreben des Hinterbaus montiert. Es umschließt den Reifen ringförmig. Um es zu schließen, verbindet man die beiden Öffnungen des Schlosses durch einen beweglichen Bolzen im Inneren des Schlosses. Dieser Bolzen wird durch die Speichen geführt und verhindert so, dass das Rad gefahren oder geschoben werden kann. Es

Korrodierte oder gelockerte Kontakte

Werkzeug

Schraubendreher
(Schlitz oder Kreuz)

Schmirgelpapier

Oft ist auch kein Werkzeug notwendig.

1. Untersuchen Sie zunächst die Kontakte an der Lampe und am Dynamo. Oft hat sich hier etwas gelockert oder ist korrodiert.

2. Gelockerte Kontakte können Sie einfach wieder aufstecken und gegebenenfalls mit der Zange etwas zusammendrücken.

3. Sollte der Kontakt korrodiert sein, ziehen Sie den Stecker ab, bearbeiten beide Seiten (Lampe und Stecker) mit etwas Schmirgelpapier und stecken den Kontakt wieder auf.

Rahmenschloss

kann allerdings nicht verhindern, dass das Fahrrad weggetragen wird und kann daher nur als Zusatzschloss angesehen werden.

Der Tacho

Der Tacho dient in erster Linie dazu, die gefahrene Geschwindigkeit anzuzeigen. Moderne Tachos können jedoch weit mehr als das. Zu den Standardfunktionen gehören gefahrene Tageskilometer, Gesamtkilometer, Durchschnittsgeschwindigkeit und Höchstgeschwindigkeit. Hochwertigere Tachos zeigen auch die Temperatur, zurückgelegte Höhenmeter etc. an. Zudem werden sie meist in Kombination mit einem Brustgurt eingesetzt, der die Herzfrequenz an den Tacho sendet. Die Trainingsdaten können anschließend am Computer ausgelesen werden. Der Tacho wurde früher beim Fahrrad mechanisch über eine Tachowelle angetrieben. Heute werden meist kabellose Tachos verwendet, die die Geschwindigkeitsdaten mittels Funksignal vom Vorderrad empfangen.

Die Fahrradpumpe

Der richtige Reifendruck ist beim Fahrradfahren wichtig, um ein optimales Abrollverhalten des Reifens zu gewährleisten. Hierfür sorgt die richtige Pumpe. Diese muss zu dem Fahrradventil passen, das am Fahrrad eingesetzt wurde. Fahrradpumpen lassen sich in zwei große Gruppen unterteilen:

Handpumpen gibt es in verschiedenen Ausführungen. Es gibt Pumpen für die Trikottasche, die kaum größer sind als ein Filzstift und andere, die fast einen Meter lang sind. Mit der Hand wird der Kolben der Pumpe aus dem Zylinder gezogen und wieder zurück gedrückt. Da der Kolben nur in der Druckphase luftdicht zur Zylinderwand abschließt, wird mit jedem Hub erneut Luft in den Reifen gedrückt. Das Pumpen mit der Handpumpe ist relativ anstrengend.

Eine **Standpumpe** wird fixiert, indem dem man sich mit beiden Füßen auf ihren Sockel stellt und den Kolben mit den Armen auf und ab bewegt. So lassen sich deutlich größere Kräfte aufbringen als bei der Handpumpe und die Luftmenge, die pro Hub in den Reifen gedrückt wird, ist größer. Während eine Handpumpe in hochwertiger Ausführung maximal etwa 8 bar Druck erzeugen kann, sind es bei der Standpumpe über 12 bar. Da Standpumpen zudem über ein Manometer verfügen, kann der Luftdruck exakt abgelesen werden.

Standpumpe mit Manometer

Beleuchtung reparieren

Defekte Birne

Werkzeug
Schraubendreher
(Schlitz oder Kreuz)
Oft ist auch kein Werkzeug notwendig.

1. Öffnen Sie die Lampe. Das Glas ist in der Regel fest geschraubt oder hat einen Clip, den man vorsichtig mit einem Schraubendreher öffnen kann.

2. Entnehmen Sie die Birne aus dem Gehäuse und halten Sie sie gegen einen hellen Hintergrund. In den meisten Fällen erkennt man schon hier, ob die Birne durchgebrannt ist. Dann ist entweder der Glühdraht deutlich sichtbar unterbrochen oder das Glas hat eine etwas verrußte Oberfläche.

3. Sollte nichts dergleichen sichtbar sein, können Sie mit Hilfe einer Batterie überprüfen, ob die Birne noch intakt ist. (Die Batterie muss eine Spannung von 6 Volt haben, um die Lampe zum Glühen zu bringen.)

4. Ist die Birne defekt, tauschen Sie sie einfach aus.

Das verkehrssichere Fahrrad

Ein Fahrrad darf nur im Straßenverkehr genutzt werden, wenn es nach der Straßenverkehrszulassungsordnung (StVZO) mit folgendem Zubehör ausgestattet ist:

Ohne diese Ausstattung darf ein Fahrrad nicht im Straßenverkehr genutzt werden. Sinnvoll sind außerdem zusätzlich ein hochwertiges Schloss, ein Gepäckträger, ein Fahrradständer, eine Gangschaltung und Schutzbleche vorne und hinten. Ein Kettenschutz verhindert, dass Kleidung in die Kette gerät und minimiert die Sturzgefahr.

Beleuchtung reparieren

Probleme mit der Beleuchtung können leicht zu beheben sein. Manchmal ist es jedoch ein äußerst zeitaufwändiges Unterfangen, den Fehler zu finden. Auf den folgenden Seiten werden die gängigsten Ursachen für eine nicht funktionierende Beleuchtung beschrieben:

- defekte Birne
- defektes bzw. unterbrochenes Kabel
- gelockerte oder korrodierte Kontakte

Defekte LED-Lichter lassen sich in der Regel nicht reparieren, sondern müssen ausgetauscht werden.

Defektes Birnchen

Hier ist es nicht wichtig, ob das vordere oder das hintere Licht defekt ist, oder um welche Art von Birne es sich handelt. Das Vorgehen ist in allen Fällen gleich. Sollte es sich bei der defekten Beleuchtung jedoch um ein LED-Licht handeln, ist meist die Platine defekt und eine Reparatur daher nicht möglich.

Defektes Kabel

Bei einem defekten Kabel ist weniger die Reparatur das Problem, als vielmehr das Finden des Fehlers. Das Kabel kann auch defekt sein, wenn die Ummantelung völlig intakt ist. Hier hilft dann oft nur eine komplett neue Verkabelung.

Wir beschränken uns also bei den Reparaturanleitungen auf die Beschädigungen der Kabelverbindung, die Sie selbst einfach beheben können, also sichtbare Beschädigungen des Kabels oder durchtrennte Verbindungen.

Anders als bei den vorangegangenen Reparaturanleitungen müssen wir die Beschreibung hier etwas allgemeiner halten, da es zu viele verschiedene Beleuchtungsvarianten gibt, als dass man sich auf bestimmte Modelle beschränken könnte.

Defekter Dynamo

Hier kann nur festgestellt werden, ob der Dynamo defekt ist, reparieren lässt sich dieser nicht, nur austauschen. In vielen Fällen ist jedoch nicht der Dynamo selbst defekt, sondern die Kontakte sind korrodiert oder haben sich gelockert, und das lässt sich leicht beheben.

Einstellungen, Wartung & Pflege

Für ein bequemes und vor allem sicheres Fahren ist das richtige Einstellen von Sattel, Lenker, Bremsen und Helm besonders wichtig. Dabei gibt es vor der Fahrt einige Dinge zu beachten. Damit das Fahrrad möglichst lange problemlos fährt, ist zudem eine regelmäßige Wartung und Pflege unerlässlich. Dies dient vor allem auch der Sicherheit. In regelmäßigen Abständen sollten daher Schaltung, Tretlager, Kette, Bremsen, Laufräder und Lenker kontrolliert werden.

Kette ohne Kettenschloss

Das Auswechseln einer Kette ohne Kettenschloss ist nicht unkompliziert und daher ein Fall für die Fahrradwerkstatt. Für den Fall, dass sich während einer Tour ein Bolzen löst und die Kette abspringt oder halb getrennt ist, zeigen wir Ihnen hier wie Sie die Kette provisorisch verschließen können, bis Sie eine Werkstatt erreicht haben. Dies ist jedoch nur möglich, wenn der Kettenniet noch vorhanden ist.

1. Führen Sie den Kettenniet durch die Kettenglieder. Anders als bei der Verbindung mit dem Kettenschloss wird mit dem Bolzen eine Innenlasche mit einer Außenlasche der Kette verbunden.

2. Drücken Sie den Bolzen mit Hilfe des Kettennieters mit der spitzen Seite voran durch die Kette. (Ein neuer Kettenniet hat eine spitze Seite, ein bereits gebrauchter Kettenniet ist stumpf)

3. Der Bolzen sollte spürbar einrasten. Schrauben Sie anschließend den Kettennieter wieder auf. Legen Sie die Kette wieder auf.

Einstellen des Sattels

Die Sattelhöhe

Die richtige Sattelhöhe ist individuell zu ermitteln. Es gibt hierfür verschiedene Methoden.

1. Der Fuß wird auf das Pedal gesetzt. Die Kurbeln stehen parallel zum Boden. Das vordere Knie sollte direkt über der Pedalachse liegen.

2. Die Ferse wird auf die untere Pedale gestellt. Der Sattel hat die richtige Höhe, wenn die Ferse mit durchgestrecktem Bein gerade noch auf dem Pedal aufsetzt. Beim Fahren sollte der Fuß nicht mit der Ferse auf dem Pedal, sondern der Fußballen direkt über der Pedalachse sein. Das Knie ist dann am tiefsten Punkt leicht angewinkelt.

Zum **Einstellen des Sattels** wird die Sattelrohrklemmung mit einem Schnellspanner oder einem Schraubenschlüssel bzw. Inbus gelöst. Je nach Bedarf kann der Sattel nach oben oder unten verstellt werden.

Die Sattelposition

Neben der Sattelhöhe sollte auch die Sattelposition in der Waagerechten an den Fahrer angepasst sein. Zum Einstellen der **Sattelneigung** muss die Schraube an den Sattelstreben gelöst werden. Der Sattel kann nun verstellt und im Anschluss

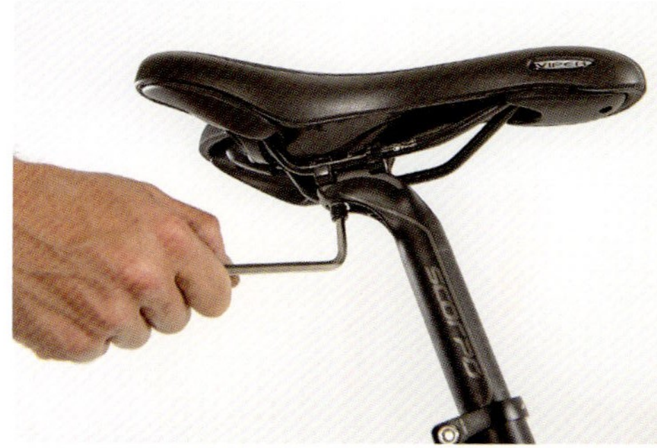

durch die Schraube wieder fixiert werden. Als Ausgangsposition für den Sattel wählt man immer eine waagrechte Position. Die Sattelneigung sollte aus dieser Position nur wenige Grad verstellt werden. Durch Lösen dieser Schraube kann der Sattel außerdem vor- und zurückbewegt und der Abstand zwischen Sattel und Lenker verändert werden.

Tipp
Es gibt eine einfache Faustformel für den Abstand zwischen Sattel und Lenker: Ihr Unterarm sollte – mit ausgestreckter Hand und etwa 2 bis 3 cm Abstand zwischen Sattelspitze und Lenker – passen.

Kette schließen

Kette mit Kettenschloss

1. Legen Sie die Kette wieder auf und verschließen Sie sie mit dem Kettenschloss. Beachten Sie dabei, dass das Kettenschloss immer zwei Innenlaschen miteinander verbindet.

2. Durch einen kräftigen Zug an der Kette wird das Kettenschloss verriegelt.

1a

1b

1c

2

Einstellen des Lenkers

Der Lenker sollte immer erst nach dem Sattel eingestellt werden. Wenn es sich nicht um ein Sportfahrrad handelt, sollte er sich ca. auf Sattelhöhe befinden.

1. Für das Einstellen des Lenkers bei einem Steckvorbau benötigt man einen Inbus- oder Maulschlüssel. Um die Höhe des Vorbaus zu verändern, muss die Schraube des Klemmkeils im Vorbau gelöst werden.

2. Um den Lenker nach oben zu ziehen oder nach unten zu drücken, wird das Vorderrad am besten zwischen den Beinen fixiert.

3. Sobald der Lenker die richtige Höhe hat, kann die Schraube des Klemmkeils wieder festgezogen werden. Dabei muss auf die Markierung am Vorbau geachtet werden, die die maximale Auszughöhe vorgibt.

Die **Bedienelemente** am Lenker sollten der Sitzposition angepasst werden. Dafür werden die Schrauben von Bremsen, Schaltung und Klingel leicht gelöst, dann wird die Sitzposition auf dem Rad eingenommen. Jetzt werden die entsprechenden Hebel so verstellt, dass sie in der Verlängerung des Unterarms stehen. Dadurch verhindert man ein abknickendes Handgelenk und damit verbundene Probleme.

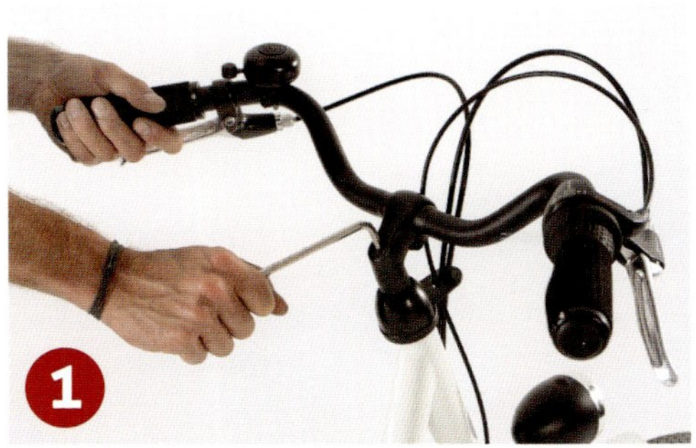

1

2

3

Lenker mit A-Head-System

Handelt es sich um ein A-Head-System, bei dem der Vorbau den Gabelschaft umfasst, ist eine Höheneinstellung nur über einen Wechsel des Vorbaus oder mit Hilfe eines Adapters möglich.

Kette tauschen

Werkzeug

Kettennieter

Kettenniet bzw. Kettenschloss

Ist die Kette beschädigt oder hat sich durch die Nutzung zu sehr gelängt, kann es nötig sein, sie auszutauschen. Dafür ist in den meisten Fällen ein Kettennieter erforderlich.

1. Legen Sie die alte Kette am Fahrrad in den Kettennieter und entfernen Sie einen der Verbindungsbolzen zwischen den Kettengliedern.

2. Sie können die Kette nun trennen und abziehen.

3. Nehmen Sie die alte Kette als Maßstab für die Länge der neuen Kette. Hier ist nicht die Gesamtlänge entscheidend, sondern die Anzahl der Kettenglieder.

4. Kürzen Sie die neue Kette mit Hilfe des Kettennieters auf die entsprechende Länge.

Die weiteren Schritte sind abhängig von der Kettenvariante. Entweder werden sie mit einem Kettenschloss verbunden oder mit einem neuen Kettenniet (siehe folgende Seiten).

Einstellen der Bremsen

Um die volle Funktionsfähigkeit der Bremsen und damit die größtmögliche Sicherheit zu gewährleisten, ist das richtige Einstellen der Bremsen unerlässlich. Für das Einstellen der Bremsen benötigt man einen Inbusschlüssel und einen Kreuzschraubendreher.

Die grobe Positionierung der Bremse kann über die Klemmschraube des Bremszuges vorgenommen werden. Die Feinjustierung erfolgt über Stellschrauben an Bremshebel (Bild A) und Bremsen (Bild B).

Zudem können die Bremsbeläge verstellt werden. Idealerweise sollten sie einen Abstand von ca. 1,5 bis 2 mm zur Felge haben und parallel zur Felge stehen. Je größer der Abstand ist, desto indirekter die Bremswirkung. Sollte sich die Bremse ungleichmäßig öffnen, lässt sich die Federspannung an einem Bremsschenkel verstellen. (Bild C).

Für eine größtmögliche Bremsleistung ist die richtige Einstellung der Bremse entscheidend. Im Reparaturteil des Buches wird hierauf ausführlich eingegangen (S. 75 ff.).

Fahrräder verfügen über Felgen-, Scheiben-, Trommel- oder Hydraulikbremsen. Trommel- und Hydraulikbremsen sollten nur im Fachhandel repariert werden. Am häufigsten werden Felgenbremsen verbaut. Daher beschränken wir uns hier auf die drei gängigsten Felgenbremsen: V-Brake, Cantilever- und Seitenzug-Bremsen.

Fahrrad mit Nabenschaltung 2

Sollten Sie das passende Werkzeug zur Hand haben, empfiehlt es sich, die Kette gleich zu spannen, um ein erneutes Abspringen zu verhindern. Dabei gehen Sie wie folgt vor:

1. Lösen Sie die beiden Muttern an der Hinterradachse Ihres Rades (Bild 1).

2. Sollten Sie ein Rad mit Trommel- oder Rücktrittbremse haben, muss zudem die Sicherungsschraube des Bremsankers gelöst werden.

3. Das Hinterrad ist jetzt im Ausfallende frei beweglich und kann nach hinten gezogen werden. Ziehen Sie das Hinterrad so stark wie möglich nach hinten und befestigen Sie die Muttern wieder. Achten Sie darauf, dass das Hinterrad gerade im Hinterbau sitzt. Fixieren Sie auch den Bremsanker wieder an der Hinterbaustrebe.

Einstellen der Beleuchtung

Für die optimale Sicherheit auch bei Dunkelheit sorgt ein Beleuchtungssystem am Fahrrad. Der Lichtkegel muss dem Fahrer ein gutes Sichtfeld auf den Fahrweg bieten und dafür sorgen, dass der Fahrradfahrer auch von anderen Teilnehmern im Straßenverkehr rechtzeitig gesehen wird. Gleichzeitig darf das Licht nicht den Gegenverkehr blenden.

Beleuchtung einstellen

Daher ist die richtige Einstellung des Fahrradscheinwerfers essentiell. Die StVO besagt, dass der Lichtkegel „mindestens so geneigt sein muss, dass seine Mitte in fünf Meter Entfernung vor dem Scheinwerfer nur halb so hoch liegt wie bei seinem Austritt aus dem Scheinwerfer". Grundsätzlich sollte die Mitte des Lichtkegels ungefähr zehn Meter vor dem Rad auf die Straße fallen (Bild A).

Bei den meisten neueren Scheinwerfern handelt es sich um Abblendscheinwerfer. Das Blenden des Gegenverkehrs wird so ausgeschlossen.

Um die **Höhe der Fahrradlampe** richtig einzustellen, sollte das Fahrrad mit einer Distanz von 5 Metern frontal vor eine Mauer gestellt werden. Nun sollte an der Wand markiert werden, in welcher Höhe der Schweinwerfer am Fahrrad montiert wurde. Der Scheinwerfer wird nun zum Leuchten gebracht (bei Batterie automatisch und bei einem Dynamo durch Drehen des Vorder- oder Hinterrades). Der Lenker und das Fahrrad sollten gerade stehen. Der Scheinwerfer ist perfekt eingestellt, wenn die Oberkante des Lichtkegels unter der Markierung liegt (Bild B). Falls dies nicht der Fall ist, muss der Scheinwerfer nach unten verstellt werden.

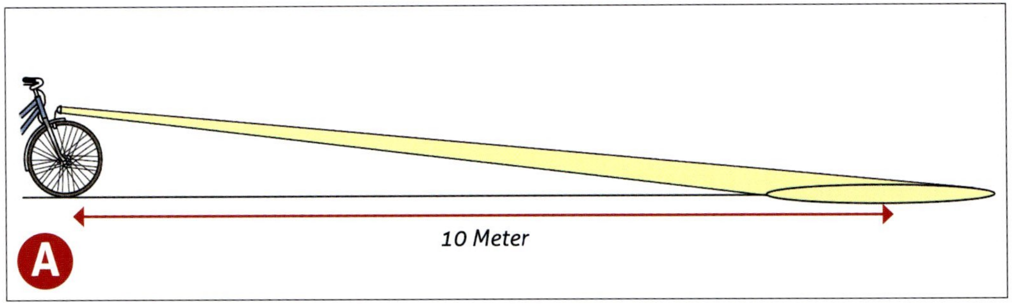

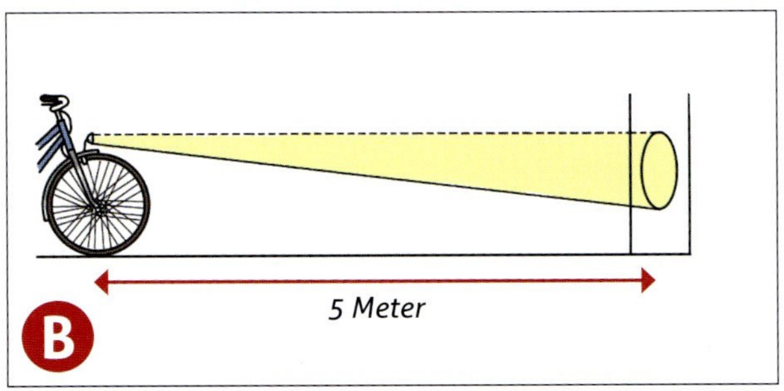

Abgesprungene Kette auflegen

Fahrrad mit Nabenschaltung 1

Werkzeug

Maulschlüssel 15 mm

Maulschlüssel 14 mm (selten)

Grundsätzlich kann die Kette bei einem Rad mit Nabenschaltung nicht abspringen, wenn die Kette ausreichend gespannt ist und Ritzel und Kettenblatt nicht beschädigt sind. Sollte dies doch passieren, ist das in der Regel auf eine zu geringe Kettenspannung zurückzuführen. Auch wenn an dem Fahrrad nie etwas verstellt wurde, kann die Kettenspannung zu gering sein, da die Kette durch die stete Belastung während der Fahrt immer länger wird.

Ist die Kette abgesprungen, lässt sie sich meist leicht wieder auflegen. Ein Verklemmen der Kette kommt bei Rädern mit Nabenschaltung nur sehr selten vor.

1. Legen Sie die Kette von oben auf das Kettenblatt.

2. Sind die ersten Kettenglieder „eingerastet", drehen Sie die Kurbel nach vorn und ziehen so den Rest der Kette auf das Kettenblatt

Der Helm

Um die höchste Sicherheit beim Fahrradfahren zu gewährleisten, empfiehlt sich das Tragen eines Helms auch auf kurzen Strecken. Der Fachhändler kann bei der Einstellung beraten und helfen, da nur ein richtig sitzender Helm optimalen Schutz bietet. Zu Hause ist das Einstellen aber auch problemlos möglich.

1. Der Helm sollte immer gerade auf dem Kopf sitzen, damit er bestmöglich schützt. Schläfen, Stirn und Hinterkopf müssen vom Helm bedeckt sein.

2. Die Bänder des Helms umrahmen das Ohr. Die Schnalle, mit der die Riemen verlängert und verkürzt werden können, befindet sich direkt unter dem Ohr. Durch Verkürzen des vorderen Riemens wird der Helm in die Stirn gezogen. Verkürzt man den hinteren Riemen, kippt man den Helm in Richtung Nacken.

3. Idealerweise sollte der Helm etwa zwei Finger breit über den Augenbrauen sitzen. Der Verschluss des Helms sollte eng am Kopf anliegen ohne zu drücken. Zu lange Gurtenden können abgeschnitten werden. Der Helm darf nicht rutschen oder die Sicht einschränken.

Fahrrad mit Kettenschaltung 4

Sollte sich die Kette zwischen kleinstem Ritzel und Rahmen nicht lösen, öffnen Sie den Schnellspanner des Hinterrades, um etwas Platz zu schaffen. Ziehen Sie die Kette vorsichtig nach hinten und legen Sie sie zurück auf das kleinste Ritzel. Haben Sie ein Rad mit Vollachse, das mit Muttern gesichert ist, benötigen Sie für diesen Arbeitsschritt einen Maulschlüssel.

Abspringen der Kette vom kleinsten Ritzel

1. Springt die Kette vom kleinsten Ritzel ab, kann sie sich zwischen Ritzel und Rahmen verklemmen.

2. Versuchen Sie, die Kette mit moderatem Zug wieder zu lösen und auf das Ritzel zu legen. Ziehen Sie jedoch zu stark, erhöht sich die Gefahr, Kette und Ritzel irreparabel zu beschädigen.

Wartung und Pflege

Damit das Fahrrad möglichst lange problemlos fährt, ist regelmäßiges Warten unerlässlich. Dies dient vor allem auch der Sicherheit.

In regelmäßigen Abständen sollten daher Schaltung, Tretlager, Kette, Bremsen, Laufräder und Lenker kontrolliert werden. Beim Rahmen sollte man Lackschäden im Auge behalten. Sie können auf Rost und eine eventuelle Beschädigung des Rahmens hinweisen. Oft bemerkt man bereits beim Fahren, dass ein bestimmtes Teil repariert oder ausgewechselt werden sollte.

Insbesondere Reifen, Ritzel, Kettenblätter und Bremsbeläge sollten regelmäßig auf Abnutzungserscheinungen geprüft werden.

Reifen und Bremsbeläge

Vor allem Reifen und Bremsbeläge verschleißen stark, wenn das Fahrrad häufig genutzt wird. Dies gilt insbesondere im Winter und Dauerregenzeiten für die Bremsbeläge, da Schnee, Dreck und Wasser wie Schmirgelpapier wirken und die Beläge deutlich schneller abschleifen.

Tretlager

Ein Anzeichen für ein beschädigtes Tretlager sind Knack-Geräusche während des Tretens. Ist das Lager bereits schwerer beschädigt, wird der Tritt unrund und der Widerstand im Lager erhöht sich.

Weitere Abnutzungserscheinungen

Auch abgenutzte Zähne an Ritzeln und Kettenblättern, ausgefranste Kabelzüge und abgenutzte Felgen sollten zeitnah ersetzt werden. Oft verursacht die Beschädigung eines Bauteils einen Folgeschaden an anderen Teilen. Eine stark verschlissene Kette kann z. B. bei zu langem Gebrauch dazu führen, dass Kettenblätter und Ritzel beschädigt werden. Während der Preis für eine Kette in der Regel zwischen zehn und 30 Euro liegt, sind Ritzel und Kettenblätter meist ungleich teurer. Es lohnt sich also, früh zu reagieren.

Fahrrad mit Kettenschaltung 3

Ist die Kette innenseitig unter großer Belastung abgesprungen, ist es manchmal nötig, das gesamte Ritzelpaket zu entfernen. Dafür ist Spezialwerkzeug nötig, daher sollten Sie das Rad in diesem Fall zu einem Fachhändler bringen. Dieser kann auch feststellen, ob die hinter dem Ritzelpaket liegenden Speichen beschädigt wurden.

Abspringen der Kette vom größten Ritzel

1. Springt die Kette vom großen Ritzel ab, führt das oft dazu, dass sie sich zwischen Ritzel und Speichen verklemmt.

2. Versuchen Sie, die Kette mit moderatem Zug wieder zu lösen und auf das Ritzel zu legen. Achtung: Ziehen Sie jedoch zu stark, erhöht sich die Gefahr, Kette und Ritzel irreparabel zu beschädigen.

Reinigen

Für eine Fahrradpflege benötigt man:

- eine Schüssel mit warmem Wasser
- ein Tuch oder einen Lumpen
- eine alte Bürste/Zahnbürste
- Fahrradreinigungsmittel oder Spülmittel
- Kettenöl, Kriechöl
- Hartwachs
- Einmalhandschuhe gegen schmutzige Finger

Das richtige Reinigen des Fahrrades ist wichtig. Schmutz beeinträchtigt die Funktion der beweglichen Teile am Fahrrad. Zum anderen führt Schmutz gerade im Bereich des Antriebs zu einem erhöhten Verschleiß. Das Reinigen ist einfach und unkompliziert.

1. Der Schmutz sollte mit einem feuchten Lappen entfernt werden. Bei hartnäckigem, starkem Schmutz und altem Öl hilft ein entfettender Reiniger. Keinesfalls sollte mit einem Hochdruckreiniger gearbeitet werden, da das Wasser in die abgedichteten Lager gelangen und dort Rost entstehen kann.

2. Am Ende der Reinigung sollte das Fahrrad mit klarem Wasser abgespült und abgetrocknet werden. Verwinkelte Stellen erreicht man mit einem Schwamm. Für die Kette, Ritzel und Kettenblätter bietet sich eine alte Bürste an. Für eine besonders gründliche Reinigung können die Laufräder ausgebaut werden.

Fahrrad mit Kettenschaltung 2

Werkzeug

keine Werkzeuge erforderlich

Abspringen der Kette vom kleinen Kettenblatt

1. Da die Kette in diesem Fall auf das kleine Kettenblatt gelegt wird und die Kettenspannung entsprechend geringer ist, muss der Kettenspanner in der Regel nicht nach vorn gedrückt werden.

2. Nehmen Sie die Kette auf der Unterseite des Rades, führen Sie sie mit der Hand nach vorn und legen Sie sie auf das kleinste Kettenblatt.

3. Dabei ist grundsätzlich zu beachten, dass der Umwerfer immer über dem entsprechenden Kettenblatt steht.

Schmieren

Die Kette und das Schaltwerk sollten regelmäßig mit etwas Öl benetzt werden. Hierfür gibt es spezielles Kettenöl, das dünnflüssig ist und wenig Schmutz fängt.

Fahrräder, die oft bei Regen genutzt werden und ungeschützt jeder Witterung ausgesetzt sind, sollten besonders gut gepflegt werden. Für Lenker und Sattelstützen gibt es spezielle Montagefette. Fahrradwachs wirkt schmutzabweisend und verhindert Rost. Die speziellen Fahrradöle und Wachse bekommt man beim Fachhändler.

Alle außenliegenden Teile sollten regelmäßig mit einem speziellen Schmiermittel geschmiert werden, nur so ist eine optimale Funktion gewährleistet. Zudem wird der Verschleiß dadurch deutlich minimiert. Mehrmals im Jahr sollten Schalt- und Bremshebel sowie Umwerfer und Schaltwerk geölt werden.

Achtung

Bremsklötze und Felgen dürfen niemals gefettet werden. Die Reibung zwischen den beiden Flächen sollte in jedem Fall möglich sein.

Abgesprungene Kette auflegen

Fahrrad mit Kettenschaltung 1

Werkzeug

keine Werkzeuge erforderlich

Abspringen der Kette vom kurbelseitigen Kettenblatt

1. Ist die Kette vom kurbelseitigen Kettenblatt abgesprungen, hängt sie meist halb an der Tretkurbel (siehe Bild 1). Beim Wiederauflegen sollte unbedingt vermieden werden, dass die Kette auf dem Boden im Dreck liegt.

2. Drücken Sie mit der einen Hand das Schaltwerk etwas nach vorn, um die Kette zu entspannen. Legen Sie mit der anderen Hand die Kette wieder auf das große Kettenblatt. Hier reicht es, die oberen Kettenglieder aufzulegen.

3. Mit einer Kurbeldrehung können Sie dann die Kette komplett auf das Kettenblatt ziehen.

Der Luftdruck

Nur mit einem ausreichenden Luftdruck kann der Reifen das Fahrrad optimal tragen. Mindestens einmal im Monat sollte der Luftdruck überprüft werden. Alle Arten von Fahrradschläuchen verlieren mit der Zeit Luft. Grundsätzlich kann man von einem **Druckverlust** von 1 bar im Monat ausgehen. Je höher der gefahrene Reifendruck, desto größer der Luftverlust.

Je höher der Luftdruck, desto geringer ist auch der **Rollwiderstand** des Reifens. Bei hohem Luftdruck verringert sich außerdem die Pannenanfälligkeit, da die allgemeine Stabilität des Reifens steigt und der Reifen ausschließlich mit der gut geschützten Lauffläche **Kontakt zum Boden** hat. Wer also schnell und sicher fahren will, muss öfter mal zur Pumpe greifen.

Bei häufigen Fahrten mit zu geringem Luftdruck verschleißen die Reifen schneller. Es können sich Risse bilden und der Abrieb wird verstärkt. Zudem nimmt der Rollwiderstand erheblich zu und das Fahren kostet Kraft und Zeit.

Ein zu hoher Luftdruck verringert allerdings die **Haftung auf dem Untergrund** und gibt Stöße ohne Federung an den Fahrer weiter. Breite Reifen sollten generell mit geringerem Luftdruck gefahren werden, schmale Reifen (z. B. bei Rennrädern) mit höherem. Der für den jeweiligen Reifen empfohlene Luftdruck ist auf der Flanke fast aller Reifen angegeben. Innerhalb dieses Bereiches kann der Luftdruck frei gewählt werden.

Zu berücksichtigen sind bei der Wahl des Luftdrucks auch das **Körpergewicht des Fahrers** und eventuell zu transportierende Gepäckstücke.

Luftpumpe

Am besten eignet sich eine moderne Standpumpe mit integriertem Manometer, um regelmäßig den Luftdruck zu kontrollieren und nachzufüllen. Mit diesen Pumpen lassen sich in der Regel mehrere Ventilarten befüllen, sodass man hier nur einmal investieren muss.

Abgesprungene Kette auflegen

Die Kette kann grundsätzlich bei jedem Fahrrad abspringen. Das kann verschiedene Ursachen haben. Bei Kettenschaltungen passiert dies häufiger, da die Kette je nach gefahrenem Gang stärker oder schwächer gespannt ist. Überfährt man bei schwacher Kettenspannung ein Hindernis, kann dies zum Abspringen der Kette führen.

Sollte dies jedoch öfter passieren, sind vermutlich die Anschläge der Schaltung verstellt, die ein Abspringen der Kette eigentlich verhindern sollen. In diesem Fall empfiehlt es sich, die Schaltung bei einem Fachhändler neu einstellen zu lassen. Ist die Kette jedoch während einer Tour abgesprungen, können Sie diese auch selber wieder auflegen.

Achten Sie in jedem Fall darauf, dass die Kette nicht im Dreck liegt bzw. sich kein grober Schmutz in der Kette verfängt. Ziehen Sie zudem beim Wiederauflegen oder Lösen der Kette nicht zu stark, damit die Kette nicht beschädigt wird.

Die Reparaturen

Spezialausstattungen und Elektronik führen dazu, dass viele Reparaturen heute oft nur durch einen Fachmann möglich sind. Doch gerade die häufig anfallenden Reparaturen und Einstellungen an Schaltung, Bremsen oder Beleuchtung kann auch ein Laie mit ein wenig Übung und dem richtigen Werkzeug schnell und kostengünstig selbst durchführen.

Schrader- oder Autoventil

Werkzeug

Ersatz-Ventilgummis

Schlüssel zum Lösen des Ventilgummis

Das Schraderventil wird hauptsächlich in Autoreifen verwendet und daher auch beim Fahrrad meist Autoventil genannt. An fast allen Tankstellen finden sich Druckluftstationen, die für diese Ventile ausgelegt sind.

Da beim Schraderventil das Bauteil mit dem Dichtgummi komplett innenliegend verbaut ist, benötigen Sie ein spezielles Werkzeug um es lösen zu können. Es handelt sich dabei um einen Schraubendreher mit einer speziellen Spitze, die auf das Dicht-Element im Ventil passt.

1. Setzen Sie das Werkzeug auf und schrauben Sie damit das Dicht-Element aus dem Ventil heraus.

2. Nehmen Sie das Element heraus und ersetzen Sie es durch ein neues, das wieder mit dem Spezialwerkzeug festgeschraubt wird.

Wichtige Werkzeuge

Zieht man in Erwägung, regelmäßiger an seinem Fahrrad zu schrauben, empfiehlt es sich, eine kleine Auswahl an Werkzeugen im Haus zu haben, insbesondere:

- Schraubendreher
- Innensechskant-Schlüssel-Set (Inbusschlüssel)
- Maulschlüssel-Set
- Reifenheber
- Zange
- Kettennieter
- Seitenschneider
- Nippelspanner
- Flickzeug

Grundsätzlich sei hier darauf hingewiesen, dass Sie bei allen Reparaturen mit äußerster Sorgfalt vorgehen müssen. Reparaturen und Einstellungen an Bremsen, Lenker, Laufrädern und Reifen betreffen immer auch direkt Ihre Sicherheit.

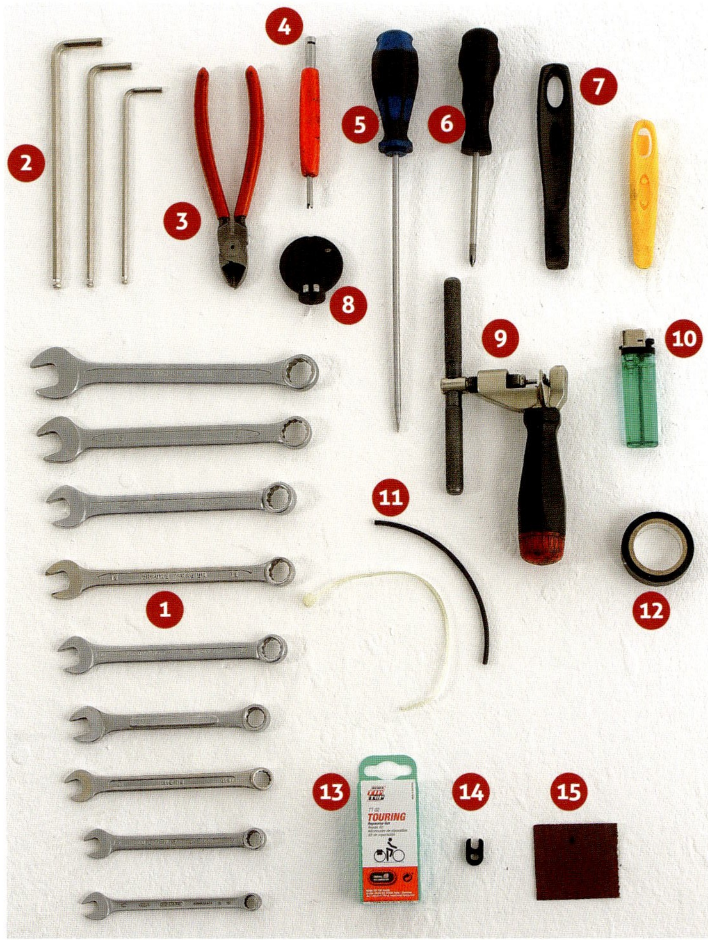

Werkzeuge für die Fahrradreparatur: Maulschlüssel (1), Inbusschlüssel (2), Zange (3), Werkzeug für Autoventil (4), Schlitzschraubendreher (5), Kreutzschlitzschraubendreher (6), Reifenheber (7), Nippelspanner (8), Kettennieter (9), Feuerzeug (10), Schrumpfschlauch (11), Isolierband (12), Flickzeug (13), Werkzeug für Sclaverantventil(14), Schleifpapier (15)

Sclaverand- oder französisches Ventil

Werkzeug

Ersatz-Ventilgummis

Schlüssel zum Lösen des Ventilgummis

Bei diesem Ventil brauchen Sie ein spezielles kleines Werkzeug, um die Ventilöffnung mit dem Dichtgummi lösen zu können (siehe Bild 2). Haben Sie ein solches nicht zur Hand, kann man auch vorsichtig mit einer Zange arbeiten. Dabei läuft man jedoch Gefahr, das Ventil zu beschädigen.

1. Schrauben Sie zuerst die Ventilkappe ab.

2. Führen Sie das Werkzeug über die Spitze des Ventils. Die Aussparung im Werkzeug passt genau zur Form des Ventils. Durch das Drehen des Werkzeugs (wie mit einem Schraubendreher) lösen Sie die Ventilöffnung.

3. Nun können Sie die Ventilöffnung herausnehmen und austauschen.

1a

1b

2

3

Diese Werkzeuge bilden die Grundausstattung für generelle Reparaturen. Sollten Sie sich auch kompliziertere Reparaturen zutrauen, ist das meist nur mit oft teurem Spezialwerkzeug möglich. Daher stellt sich die Frage, ob es nicht günstiger ist, die gelegentlichen komplizierten Reparaturen im Fachhandel durchführen zu lassen.

Sonstige, häufig verwendete Materialien:

- Schleifpapier
- Isolierband
- Kabelbinder
- Schrumpfschlauch

Achten Sie also insbesondere darauf, dass Sie sämtliche Schrauben, die Sie gelöst haben wieder befestigen. Testen Sie alle Funktionen nach der Reparatur bei langsamer Fahrt außerhalb des öffentlichen Verkehrsraumes.

Schaltungen

Zu unterscheiden ist in aller Regel zwischen Eingang- und Schalträdern und zwischen Ketten- und Nabenschaltung. Wir beschreiben bei allen Reparaturen, bei denen die Schaltung eine Rolle spielt, die drei gängigsten Varianten (siehe auch S. 22):

- 3-Gang-Nabenschaltung mit Clickbox
- Nexus 8-Gang-Nabenschaltung
- Kettenschaltung

Bremsen

Trommel- und Scheibenbremsen sollten vom Fachmann repariert werden. Felgenbremsen lassen sich in der Regel selbst reparieren und einstellen. Wir beschreiben die Reparaturen an den gängigsten Felgenbremsen-Typen (siehe auch S. 19):

- V-Brake
- Seitenzug-Bremse
- Cantilever-Bremse

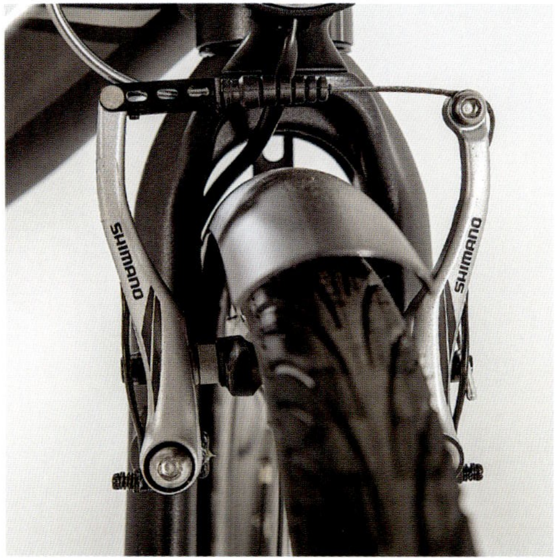

Ventil austauschen

Dunlop- oder Blitzventil

Werkzeug
Ersatz-Ventilgummis
Schlüssel zum Lösen des Ventilgummis

1. Schrauben Sie die Ventilkappe ab. Drehen Sie die Überwurfmutter vom Ventilende herunter und nehmen Sie sie nach oben ab.

2. Nehmen Sie nun die Ventilöffnung mit dem Dichtgummi heraus. Hier können Sie oft schon sehen, ob das Ventilgummi intakt ist oder nicht.

3. Setzen Sie ein neues Ventil ein und befestigen Sie die Überwurfmutter wieder.

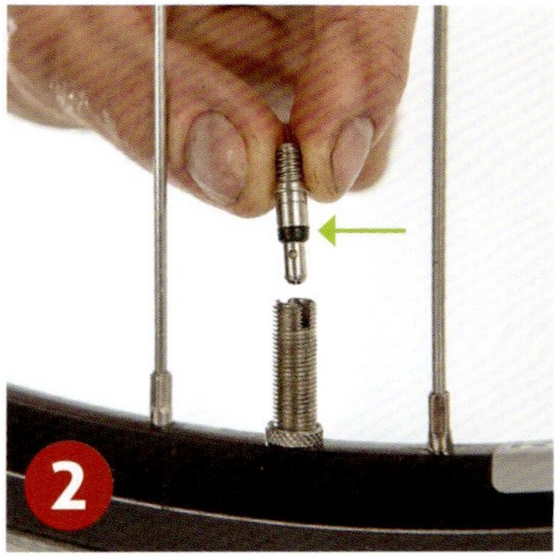

Vorderrad ausbauen

Werkzeug

Maulschlüssel 15 mm

Maulschlüssel 14 mm (selten)

Maulschlüssel 10 mm
(für Seitenzugbremsen
ohne Stellhebel)

Bei Schnellspannachsen wird kein Werkzeug benötigt.

> **Tipp**
>
> ***Für die Montage kann das Rad auch auf den Kopf gedreht werden, sofern keine Öldruckbremsen verbaut sind.***

1. Lösen Sie die Muttern an der Vorderachse.

2. Nehmen Sie das Vorderrad aus dem Rahmen.

Sollte noch Luft im Reifen sein, kann es nötig sein, die Bremse auszuhängen:

- **Cantilever-Bremsen** werden am Bremsschenkel ausgehängt.
- **V-Brakes** werden oberhalb des Reifens, zwischen den Bremsschenkeln ausgehängt.
- **Seitenzug-Bremsen** haben in der Regel einen Stellhebel, mit dem die Bremse geöffnet werden kann. Sollte dies nicht der Fall sein, muss die Klemmschraube des Bremskabels mit einem 10-mm-Maulschlüssel gelöst werden.

Ventil prüfen

Tipp

Wie alle Gummis kann auch das Dichtgummi eines Ventils porös werden. Dies führt meist zu einem schleichenden Plattfuß. Das heißt, der Reifen verliert zwar Luft, aber bis er wirklich platt ist, können manchmal Tage vergehen.

Um eine undichte Stelle am Ventil zu finden, muss der Schlauch nicht zwangsläufig ausgebaut werden. Benetzen Sie Ventilkopf und Schraubverbindungen einfach mit etwas Flüssigkeit. Sollte Luft austreten, bilden sich Blasen in der aufgetragenen Flüssigkeit (Bild 2).

Sie können natürlich auch den Schlauch ausbauen (siehe S. 49 ff.) und das Ventil unter Wasser halten.

Besteht der Verdacht, dass das Ventil undicht ist, können Sie aber einfach auch nach dem Ausschlussverfahren vorgehen und das Ventil austauschen. Eine neue Ventilöffnung mit Dichtgummi kostet 50 Cent und der Arbeitsschritt nimmt keine 5 Minuten in Anspruch.

Je nach Art des Ventils unterscheidet sich die Vorgehensweise ein wenig.

1

2

3-Gang-Nabenschaltung mit Clickbox

Werkzeug

Inbusschlüssel 5 mm

Maulschlüssel 15 mm

Maulschlüssel 14 mm (selten)

Maulschlüssel 10 mm (für Seitenzug-bremsen ohne Stellhebel)

Bei Schnellspannachsen wird kein Werkzeug benötigt.

1. Lösen Sie die Clickbox mit einem 5er-Inbus von der Achse.

1a

1b

Die Beschädigung reparieren (Fortsetzung)

Tipp

*Eine typische Beschädigung des Schlauches ist der **„Snakebite"** (Schlangenbiss): Werden die Reifen mit zu wenig Luftdruck gefahren, kommt es beim Überfahren von Hindernissen zu einer Quetschung des Schlauches. Dadurch entstehen nah beieinander zwei Löcher im Schlauch, die an einen Schlangenbiss erinnern. Hier muss man also nicht nach Fremdkörpern im Reifen suchen.*

3. Nach etwa zwei Minuten Einwirkzeit, pressen Sie den Flicken auf die Klebestelle. Drücken Sie den Flicken ca. 30 Sekunden fest an, damit sich die beiden Gummi-Oberflächen gut miteinander verbinden können.

4. Ziehen Sie dann die Schutzfolie des Flickens ab.

3-Gang-Nabenschaltung mit Clickbox (Fortsetzung)

Tipp

Bei Rädern mit einem Kettenschutz oder Kettenkasten müssen Sie diesen vorher lösen und abnehmen.

2. Entnehmen Sie den Schaltstift, um eine Beschädigung während der Montage zu vermeiden.

3. Lösen Sie zunächst die Achsmuttern …

4. … und anschließend die Verschraubung des Bremsankers und nehmen Sie das Hinterrad aus dem Rahmen.

Die Beschädigung reparieren

Werkzeug
Flicken
Vulkanisier-Kleber
Schmirgelpapier

1. Rauen Sie die Oberfläche des Reifens im Bereich der Beschädigung mit Schmirgelpapier etwas auf.

2. Tragen Sie den Vulkanisier-Kleber dünn und gleichmäßig auf die angeraute Oberfläche auf.

1

2a

2b

Hinterrad ausbauen

Nexus 8-Gang-Nabenschaltung

Werkzeug

Maulschlüssel 15 mm

Maulschlüssel 14 mm (selten)

Maulschlüssel 10 mm (für Seitenzugbremsen ohne Stellhebel)

Bei Schnellspannachsen wird kein Werkzeug benötigt.

1. Schalten Sie in den ersten Gang.

2. Hängen Sie den Schaltzug am Hinterrad aus und lösen Sie ihn aus dem Gegenhalter.

Schlauch flicken

Die Beschädigung finden

Tipp
Die meisten Beschädigungen des Schlauches werden durch Fremdkörper wie Glas oder Metallsplitter hervorgerufen. Wenn Sie also die beschädigte Stelle am Schlauch gefunden haben, untersuchen Sie auch den Reifen im Bereich der Beschädigung auf Fremdkörper.

Um den Schlauch flicken zu können, müssen Sie zunächst herausfinden, wo sich die Beschädigung befindet. Größere Löcher lassen sich leicht finden, bei kleineren kann die Suche etwas länger dauern.

1. Pumpen Sie den ausgebauten Schlauch wieder auf. Ist der Schlauch ausreichend gefüllt, nehmen Sie die Pumpe ab.

2. Fast immer ist es möglich, die Beschädigung zu finden, indem Sie hören, wo der Schlauch Luft verliert. Dazu halten Sie den aufgepumpten Schlauch ans Ohr und drehen Sie ihn komplett.

3. Um zu prüfen, ob an der vermuteten Stelle Luft austritt, können Sie die Stelle, an der Sie das Loch vermuten, mit etwas Flüssigkeit (z. B. Spucke) benetzen und beobachten, ob sich Blasen bilden.

Den Schlauch unter Wasser zu halten, um Luftblasen zu entdecken, funktioniert auch, ist aber vergleichsweise aufwändig.

Nexus 8-Gang-Nabenschaltung (Fortsetzung)

Tipp

Die beschriebene 8-Gang-Nabenschaltung gibt es in einer Freilauf- und einer Rücktrittvariante. Sollten Sie eine Schaltung mit Rücktritt besitzen, müssen Sie zudem den Bremsanker lösen.

3. Lösen Sie die Achsmuttern mit einem Maulschlüssel.
4. Nun können Sie das Hinterrad aus dem Rahmen nehmen.

Tipp

Soll der Schlauch geflickt werden, untersuchen Sie zuerst den Reifen auf Fremdkörper. Ein im Reifen verbliebener Fremdkörper kann den Schlauch nach dem Flicken erneut beschädigen.

3. Hebeln Sie, wie beim Arbeiten mit einem Reifenheber beschrieben (Schritt 2), den Reifen auf die Außenseite der Felge. Führen Sie den Reifenheber an der Bremsflanke der Felge entlang, um den Reifen komplett auf die Außenseite zu heben.

4. Ist die eine Flanke des Reifens komplett auf die Außenseite der Felge gehoben, kann der Schlauch entnommen und ausgetauscht werden.

Hinterrad ausbauen

Kettenschaltung

Werkzeug

Maulschlüssel 15 mm

Maulschlüssel 14 mm (selten)

Maulschlüssel 10 mm (für Seitenzug-bremsen ohne Stellhebel)

Bei Schnellspannachsen wird kein Werkzeug benötigt.

1. Schalten Sie auf das Ritzel und das kleinste Kettenblatt. So hat die Kette die geringste Spannung.

2. Lösen Sie Achsmuttern oder Schnellspanner.

Tipp

Keinesfalls sollten anstelle der Reifenheber Schraubendreher oder ähnliche Werkzeuge verwendet werden, da dies zu Beschädigungen an Schlauch, Reifen und Felge führen kann.

Es ist möglich, dass der Reifen zu stramm auf der Felge sitzt, um ihn mit nur einem Reifenheber zu entfernen, dann arbeiten Sie am besten mit 2 Reifenhebern.

1. Klemmen Sie den ersten Reifenheber mit dem dafür vorgesehenen Haken an einer Speiche fest.

2. Führen Sie den zweiten Reifenheber zwischen Reifen und Felge.

1

2

Kettenschaltung (Fortsetzung)

3. Drücken Sie das Schaltwerk etwas nach hinten.

4. Nun können Sie das Hinterrad aus dem Rahmen nehmen.

Sollte noch Luft im Reifen sein, kann es nötig sein, die Bremse auszuhängen:

- Cantilever-Bremsen werden am Bremsschenkel ausgehängt.
- V-Brakes werden oberhalb des Reifens, zwischen den Bremsschenkeln ausgehängt.
- Seitenzug-Bremsen haben in der Regel einen Stellhebel, mit dem die Bremse geöffnet werden kann. Sollte dies nicht der Fall sein, muss die Klemmschraube des Bremskabels mit einem 10-mm-Maulschlüssel gelöst werden.

(siehe auch S. 75 ff.)

Reifen oder Schlauch wechseln

Werkzeug
2 Reifenheber
Maulschlüssel 15 mm
Maulschlüssel 14 mm (selten)
Inbusschlüssel 5 mm (Hinterrad)

Da der Reifen während der Fahrt unter keinen Umständen von der Felge rutschen darf, ist der Innendurchmesser des Reifens etwas geringer als der Außendurchmesser der Felge. Bei einigen Felgen reicht ein starker Druck mit dem Daumen, um den Reifen von der Felge zu schieben. In der Regel benötigt man jedoch einen Reifenheber, um damit den Reifen über den Rand der Felge zu heben.

1. Zuerst müssen Sie das entsprechende Rad ausbauen. (Vorderrad, siehe S. 42, Hinterrad siehe S. 43 ff.)

2. Führen Sie den Reifenheber zwischen Reifen und Felge.

3. Liegt die Spitze des Reifenhebers unter der Reifenflanke, benutzen Sie die Felge als Widerlager und hebeln sie den Reifen auf die Außenseite der Felge.

4. Führen Sie den Reifenheber an der Bremsflanke der Felge entlang, um den Reifen komplett auf die Außenseite zu heben.